南浔创新研究院、浙江水利水电学院“南浔学者”项目
（项目编号：RC2023010804）资助

重大疫病冲击下政策扶持促进中国生猪规模化养殖的传导机制研究

姚文捷　著

中国水利水电出版社
www.waterpub.com.cn
·北京·

内 容 提 要

本书借助于实地调查数据，采用计量经济模型，首先阐明了规模化养殖户的行为决策对生猪规模化养殖的影响；其次将政策扶持嵌入行为决策之中，厘清政策扶持经由规模化养殖户的行为决策对生猪规模化养殖的影响；最后揭示规模化养殖户对扶持政策的接受程度是联系宏观政策扶持与微观行为决策的前提条件，并明确政策工具属性经由干预对象属性决定规模化养殖户对扶持政策的接受程度。本书紧扣当前重大国计民生问题，有助于修正和完善农户行为理论与农业产业政策相关理论，从而调整和优化现有的生猪规模化养殖扶持政策。

本书适合生猪养殖相关专业人士阅读，也可作为该专业大专院校师生的辅助读物。

图书在版编目（CIP）数据

重大疫病冲击下政策扶持促进中国生猪规模化养殖的传导机制研究 / 姚文捷著. -- 北京 : 中国水利水电出版社, 2024. 6. -- ISBN 978-7-5226-2544-7

Ⅰ. F326.33

中国国家版本馆CIP数据核字第2024SF0935号

书　　名	**重大疫病冲击下政策扶持促进中国生猪规模化养殖的传导机制研究** ZHONGDA YIBING CHONGJI XIA ZHENGCE FUCHI CUJIN ZHONGGUO SHENGZHU GUIMOHUA YANGZHI DE CHUANDAO JIZHI YANJIU
作　　者	姚文捷　著
出版发行	中国水利水电出版社 （北京市海淀区玉渊潭南路1号D座　100038） 网址：www.waterpub.com.cn E-mail：sales@mwr.gov.cn 电话：(010) 68545888（营销中心）
经　　售	北京科水图书销售有限公司 电话：(010) 68545874、63202643 全国各地新华书店和相关出版物销售网点
排　　版	中国水利水电出版社微机排版中心
印　　刷	北京中献拓方科技发展有限公司
规　　格	184mm×260mm　16开本　9.25印张　225千字
版　　次	2024年6月第1版　2024年6月第1次印刷
印　　数	001—300册
定　　价	**58.00**元

前言

2018年8月，非洲猪瘟疫病暴发，给中国生猪养殖产业带来了巨大冲击。疫病的持续（2018年8—11月）导致生猪主产区猪肉价格下跌。为防止疫病传播扩散，大量生猪遭被动淘汰。同时，政府采取了活猪跨省禁运的严厉措施，使得近年来出现的“南猪北养西进”区域布局，以及通过大生产、大消费、大流通的方式在全国范围内竞争配置资源的总体格局被迫调整，造成生猪主销区猪肉价格上涨。由于大量生猪不能按时出栏变现，产能下降提前终结了猪肉价格下行的周期，从2019年3月开始，全国猪肉价格持续上涨，走势偏强。尽管如此，值得注意的是，在全球新冠疫情暴发和中美贸易摩擦抑制了猪肉进口调节预期的情况下，由于风险顾虑与资金不足，生猪养殖户不敢或无力补栏，导致实际补栏效果十分有限。

非洲猪瘟疫病考验了中国猪肉市场的长效供给保障能力。中国生猪养殖产业近年来承受的力度较大的环境保护整治和“南猪北养西进”的区域布局调整是造成生猪产能阶段性下降的根本原因。为此，2019年8月21日，国务院常务会议确定五大政策保养猪，提出要“综合施策恢复生猪生产”，要求“地方要立即取消超出法律法规的生猪禁养、限养规定”，特别指出要“发展规模养殖，支持农户养猪”。2019年9月10日，国务院办公厅发布《关于稳定生猪生产促进转型升级的意见》（国办发〔2019〕44号），明确规定“各省（区、市）人民政府对本地区稳定生猪生产、保障市场供应工作负总责”，意味着“南猪北养西进”的区域布局调整方针已悄然转向，取而代之的是“大力发展标准化规模养殖”，不断完善稳产保供的约束激励机制和政策保障体系。推动生猪养殖标准化规模演进，加快转变农业生产经营方式，有利于提升产业竞争力，优化产业布局，抑制价格波动，抵御疫病危机。引导养殖户采用先进适用技术与现代生产要素的标准化规模演进激励机制，不仅是农业现代化发展的需要，也是克服风险、保障生产的内在要求。在2019年8月21日国务院常务会议召开之后的较短时期内，国务院及其各部委便密集发布了促进生猪养殖生产、保障猪肉市场供给的各项扶持政策。然而，鉴于政策偏差的经验事实，短时间内全国范围政策导向的调转难免使人产生疑虑：在重大疫病冲击下，当前的政策扶持如何推动生猪规模化养殖才能保障猪肉市场的长效供给？

农户行为理论是探讨政策扶持促进生猪规模化养殖传导机制的理想工具。基于这一理论，已有大量的研究表明，生猪规模化养殖作为一种生产行为，受到养殖户的个体特征、生产特征、外部环境等多方面因素的制约，并且政策扶持对生猪规模化养殖能够产生一定的作用。然而，在生猪规模化养殖的诸多影响因素中，那些能够纳入微观主体主观判断的行为决策因素却没有得到应有的关注，从而在不同程度上忽视了政策扶持对生猪规模化养殖的影响机制。事实上，政策扶持正是经由养殖户的行为决策对生猪规模化养殖产生影响的，而对养殖户行为决策的考虑缺位，会导致扶持政策在方向和作用上与其初衷存在不可避免的偏差。

鉴于先前政策偏差的经验事实与已有研究对养殖户行为决策的考虑缺位，本书在政策扶持对生猪规模化养殖的作用中纳入疫病风险认知与资金短缺状况这两个行为决策因素，以此来考察当前的政策扶持能否通过规模化养殖户行为决策的传导促进生猪规模化养殖。本书紧扣当前面临的重大国计民生问题，有助于修正和完善农户行为理论与农业产业政策相关理论，并有利于从针对性、有效性与合理性 3 个方面调整和优化现有的生猪规模化养殖扶持政策。

由于作者水平有限，书中难免有疏漏之处，敬请读者不吝指正。

著者

2024 年 4 月

目录

第1章 绪 论

1.1 提出问题

卓创资讯调研数据显示，非洲猪瘟疫病暴发一年（截止到2019年7月31日），全国生猪存栏损失量已接近60%。各地生猪存栏损失均较为严重，尤其是市场交易活跃的省域。其中，福建、江苏、安徽、广东、广西5个省（自治区）的生猪存栏损失量均超过70%，河北、山东、浙江、湖南4个省的生猪存栏损失量均超过60%。至此，中国猪肉市场的长效供给保障能力受到了严峻考验。

撇开非洲猪瘟疫病冲击的影响，中国生猪养殖产业近年来承受的力度较大的环境保护整治和“南猪北养西进”的区域布局调整是造成生猪产能阶段性下降的根本原因。多年来，随着生猪养殖产业的高速发展，生猪养殖废弃物排放带来的环境压力也越来越大。2007年年底，第一次全国污染源普查结果显示，畜禽养殖产业的化学需氧量（COD）、总氮（TN）、总磷（TP）排放量分别占全国排放总量的41.9%、21.7%、37.7%，农业非点源排放总量的96%、38%、65%，此后这类占比逐年上升。生猪养殖产业是畜禽养殖产业的重要组成部分，生猪养殖污染是农业非点源污染的主要来源，对其加强环境保护监管的诉求在全社会与日俱增。2013年3月，上海黄浦江松江段水域发生死猪漂浮事件，致使对中国生猪养殖产业本已蓄势待发的环境保护整治与区域布局调整如期而至。

2014年1月1日开始实施的由国务院发布的《畜禽规模养殖污染防治条例》（中华人民共和国国务院令第643号），标志着席卷中国生猪养殖产业的环境保护风暴开始暴发。2015年1月1日起施行的新《环境保护法》，进一步推动了生猪养殖产业进入环境保护监管增压期。同年4月，国务院印发《水污染防治行动计划》（简称“水十条”），使以生猪为主的畜禽养殖污染防治成为推进农业农村污染防治的首要内容。同年11月，农业部出台《关于促进南方水网地区生猪养殖布局调整优化的指导意见》（农林发〔2015〕11号），对中国南方5个水网区130多个生猪主产县提出调整生产政策的要求。特别是2016年4月18日农业部印发的《全国生猪生产发展规划（2016—2020年）》，系统地提出了“南猪北养西进”的区域布局调整方针。

“南猪北养西进”的区域布局调整方针把全国生猪养殖生产规划为约束发展区、适度发展区、潜力增长区、重点发展区4类区域（表1.1）。其中，约束发展区未来的生猪养殖总量保持稳定；潜力增长区生猪养殖产业发展环境好，要求年均增长1%～2%，规划期年均增长5%～10%；适度发展区面临生猪养殖产业基础薄弱、部分省域水资源短缺的制约，重点在于提升结构；重点发展区是猪肉供给的核心区域，要求规划期年均增长1%左右。显然，这一方针着重鼓励潜力增长区特别是辽宁、吉林、黑龙江、内蒙古4个省

（自治区）的生猪养殖产业发展，同时尤其强调对约束发展区规定禁养区，限制生猪养殖生产。

表 1.1　　中国生猪养殖生产区域分类规划

养殖区域	省（自治区、直辖市）
约束发展区	北京、天津、上海、江苏、浙江、福建、安徽、江西、湖北、湖南、广东
适度发展区	山西、陕西、甘肃、新疆、西藏、青海、宁夏
潜力增长区	辽宁、吉林、黑龙江、内蒙古、云南、贵州
重点发展区	河北、山东、河南、重庆、广西、四川、海南

注　资料来源于2016年4月18日农业部印发的《全国生猪生产发展规划（2016—2020年）》。

对生猪养殖产业加大环境保护整治力度，推进“南猪北养西进”区域布局调整，当然有其必要性依据与合理性考量。随着收入水平的提高，公众对环境质量改进不仅提出了更高的要求，而且提升了潜在的支付意愿，对生猪养殖产业加大环境保护整治力度显然是必要的。北方、西部一些省域在生猪养殖生产上也确有某些地缘比较优势，如东北地区是生猪饲料玉米的主产区，且整体人口和经济活动密度较小，生猪养殖环境承载力较大，推进“南猪北养西进”区域布局调整显然是合理的。尽管如此，政策设计的某些局限性和实际执行层面出现的局部问题，仍会导致面临事先难以预料、事中不便掌控的困难与挑战。

（1）“南猪北养西进”区域布局调整对东北地区大规模扩大生猪养殖生产的客观不利因素估计不足。气候严寒、水资源短缺、劳动力外流严重制约了东北地区生猪养殖产业的发展潜力。特别是，东北地区生猪养殖生产环节的某些优势条件可能已在更早时期被市场自发套利活动发掘利用，使得大幅度提升产能面临着特殊困难。

（2）“南猪北养西进”区域布局调整侧重于考虑生猪养殖产业生产环节的成本，而对区域布局调整之后引起的流通领域的成本上升考虑不足。“南猪北养西进”意味着“北猪南运东输”的运输成本增加，一定程度上抵消了“南猪北养西进”可能节省的生产成本。值得注意的是，“北猪南运东输”采取的跨区域活猪转运的产业链配置方式，将对有效防控猪瘟疫病跨区域传播扩散带来额外的困难。这一点在非洲猪瘟疫病暴发后就已凸显出来了。

（3）大规模实施产业政策的自我强化倾向，导致禁养区管制措施在局部地区用力过猛并带来不良影响。禁养区划定范围过宽和禁养措施过于激进成为局部地区产业政策走样的主要原因。许多地方出现“一禁了之”“一拆了之”等一刀切的粗暴做法，对当地的生猪养殖产业造成了不可修复的伤害。

（4）“南猪北养西进”区域布局调整面临着“南猪”产能下降较快而“北养”扩大产能不力的困境，并伴随着全国范围内生猪产能过度下降的严峻态势。“南猪北养西进”区域布局调整的意图是要通过北方产能的提增来补充南方产能的调减，但南方禁养区管制措施用力过猛，北方从投资到形成猪肉供给能力整个决策和操作链条又较长，两者达成动态平衡十分困难。加上非洲猪瘟疫病的冲击，最终使全国生猪产能大幅下降。

鉴于此，本书正视生猪养殖户的行为决策，结合非洲猪瘟疫病冲击中国生猪养殖产业的现实背景，借助实地调查数据，采用规范、前沿的计量经济模型，实证分析政策扶持促进生猪规模化养殖的传导机制，从而为现有的政策导向提出科学、有效的建议。

1.2 研究意义

本书的现实意义体现在3个方面：①结合非洲猪瘟态势下生猪养殖户不敢或无力补栏的现实状况，在生猪规模化养殖的一些影响因素中剥离出疫病风险认知和资金短缺状况这两个能够纳入微观主体主观判断的行为决策因素，据此阐明规模化养殖户的行为决策对生猪规模化养殖的影响，相应的研究结论能够提升生猪规模化养殖扶持政策的针对性；②把政策扶持嵌入到规模化养殖户的行为决策之中，厘清政策扶持经由规模化养殖户的疫病风险认知和资金短缺状况两大行为决策因素对生猪规模化养殖的影响，相应的研究结论能够增强生猪规模化养殖扶持政策的有效性；③揭示规模化养殖户对生猪规模化养殖扶持政策的接受程度是联系宏观政策扶持与微观行为决策的前提条件，并对作出这一主观评价的内在机制进行识别，即明确政策工具属性经由干预对象属性决定规模化养殖户对生猪规模化养殖扶持政策的接受程度，相应的研究结论能够加大生猪规模化养殖扶持政策的合理性。总之，本书紧扣重大国计民生问题，研究重大疫病冲击下政策扶持促进中国生猪规模化养殖的传导机制，相应的研究成果对稳定生猪生产、保障猪肉供给、平抑价格波动、抵御疫病危机具有重要的现实意义。

本书的理论意义体现在假设检验和方法创新两个方面。在假设检验方面，作为一项经验研究，本书检验3个理论假设：①重大疫病冲击下，疫病风险和资金短缺是制约规模化养殖户扩大生猪养殖规模的两个重要原因；②政策扶持可以改善规模化养殖户的疫病风险认知和资金短缺状况，促使其扩大生猪养殖规模；③涉及透明程度与公平程度的政策工具属性能够对涉及价值取向与社会信心的干预对象属性产生作用，从而使规模化养殖户对自己在多大程度上接受生猪规模化养殖扶持政策作出判断。现有文献基于农户行为理论和农业产业政策相关理论，在不同的现实背景下对这3个假设是否成立的问题缺乏必要的探讨或存在意见分歧。因此，检验上述假设，进而建构完整的重大疫病冲击下生猪规模化养殖政策扶持理论，有可能因修正与完善相关理论而具有重要价值。在方法创新方面，本书在全国范围内展开大样本分区域抽样调查，以此获取高质量数据，并在后续的计量经济分析中尽可能采用应用范围较为广泛的前沿技术。可以预见，这将推动该领域研究方法的创新与发展。

1.3 研究目标

围绕“重大疫病冲击下，政策扶持能否通过规模化养殖户的行为决策促进生猪规模化养殖”这一“研究课题”，结合非洲猪瘟疫病冲击中国生猪养殖产业的现实背景，本书在现有研究的基础上利用实地调查数据展开实证研究，确立了以下4个方面的研究目标：

（1）从疫病风险认知和资金短缺状况的角度阐明规模化养殖户的行为决策对生猪规模化养殖的影响。

（2）厘清政策扶持经由规模化养殖户的疫病风险认知和资金短缺状况两大行为决策因

素对生猪规模化养殖的影响。

（3）明确政策工具属性如何经由干预对象属性影响规模化养殖户对生猪规模化养殖扶持政策的接受程度。

（4）提出有利于调整和优化现有生猪规模化养殖政策扶持的思路，为政府的政策导向提出科学的参考建议。

1.4 主要内容

基于研究目标，本书的主要内容确立为3个方面，即重大疫病冲击下生猪规模化养殖的微观行为决策分析、重大疫病冲击下生猪规模化养殖的宏观政策扶持研究、重大疫病冲击下生猪规模化养殖扶持政策接受程度的内在决定机制识别。

（1）重大疫病冲击下生猪规模化养殖的微观行为决策分析。首先，通过资料搜集和文献梳理，全面总结现有研究关于生猪规模化养殖的影响因素；其次，运用农户行为理论，构建重大疫病冲击下生猪规模化养殖微观行为决策的理论模型，并在此基础上提出被纳入养殖户行为决策之中的两大因素，即疫病风险认知和资金短缺状况对生猪规模化养殖产生正向影响的理论假设；再次，利用大样本分区域抽样调查数据，实证考察非洲猪瘟疫病冲击下规模化养殖户的疫病风险认知和资金短缺状况两大行为决策因素对生猪规模化养殖的影响；最后，鉴于猪瘟疫病态势下的规模化推进是经由标准化提升来实现的，实证考察规模化养殖户的疫病风险认知和资金短缺状况两大行为决策因素对生猪标准化养殖的影响，以及经由生猪标准化养殖对生猪规模化养殖的影响。由于宏观政策扶持依赖于微观行为决策发挥效力，这一部分是后续验证政策扶持影响生猪规模化养殖的基础。

（2）重大疫病冲击下生猪规模化养殖的宏观政策扶持研究。首先，通过资料搜集和文献梳理，系统归纳现有研究关于政策扶持对生猪规模化养殖的影响；其次，运用农业产业政策相关理论，在重大疫病冲击下生猪规模化养殖微观行为决策各个不同的理论模型中均纳入政策扶持因素，以此为基础提出政策扶持经由规模化养殖户的疫病风险认知和资金短缺状况两大行为决策因素对生猪规模化养殖产生正向影响的理论假设；再次，利用大样本分区域抽样调查数据，实证考察非洲猪瘟疫病冲击下扶持政策对生猪规模化养殖的影响、对规模化养殖户的疫病风险认知和资金短缺状况两大行为决策因素的影响，以及经由规模化养殖户的这两大行为决策因素对生猪规模化养殖的影响；最后，考虑到不同功能的扶持政策对规模化养殖户的疫病风险认知和资金短缺状况两大行为决策因素可能会有不同影响，将扶持政策划分为直接扶持政策和间接扶持政策并同时进行考察。这一部分对政策扶持促进生猪规模化养殖的内在机理进行探索，是本书的核心内容。

（3）重大疫病冲击下生猪规模化养殖扶持政策接受程度的内在决定机制识别。首先，通过资料搜集和文献梳理，概括现有研究关于生猪养殖户对产业扶持政策的接受程度；其次，根据相关文献，纳入政策工具属性和干预对象属性，构建生猪规模化养殖扶持政策接受程度的内在决定机制的理论模型，并在此基础上提出政策工具属性经由干预对象属性正向决定规模化养殖户对生猪规模化养殖扶持政策接受程度的理论假设；最后，利用大样本分区域抽样调查数据，实证考察规模化养殖户对生猪规模化养殖扶持政策（直接扶持政策和间接扶持政策）的接受程度，以及政策工具属性经由干预对象属性决定规模化养殖户对生猪规模化养殖扶持政策的接受程度。这一部分通过规模化养殖户的态度对生猪规模化养殖扶持政策的合理性进行必要考量，是政策扶持促进生猪规模化养殖的传导机制中实现政策与行为之间有机联系的关键环节。

围绕以上三大主要内容，在结构安排上，第 1 章为绪论，第 2 章为学术基础——文献综述与理论假设，第 3 章和第 4 章为现实背景——宏观分析与微观调查，第 5 章和第 6 章为实证检验，第 7 章为机制识别，第 8 章为政策启示。

1.5 技术路线

本书技术路线图如图 1.1 所示。

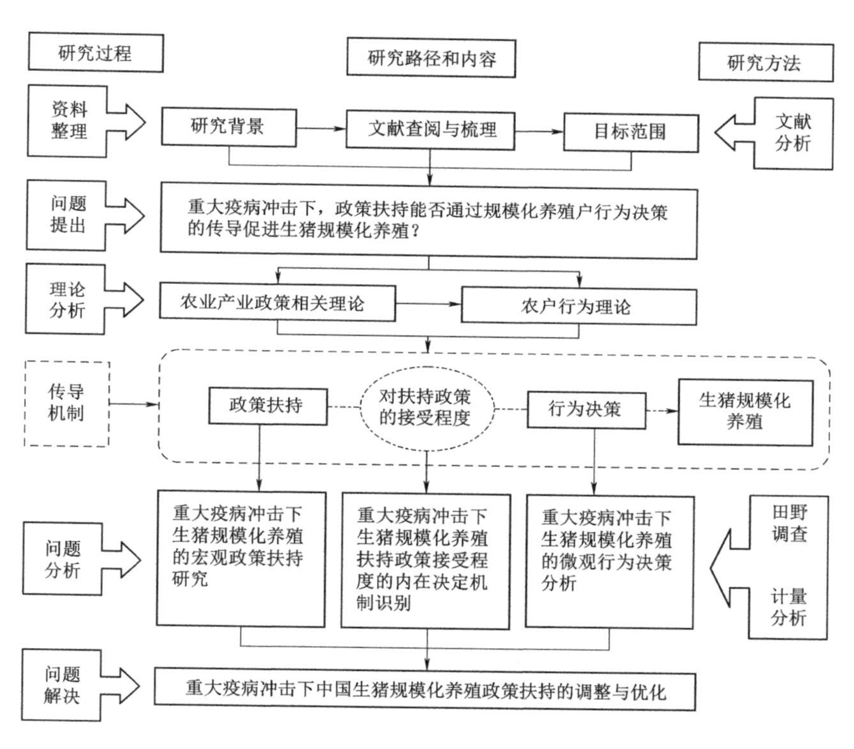

图 1.1 本书技术路线图

1.6 创新之处

从研究视角来看，本书融合农户行为理论和农业产业政策相关理论，将政策扶持嵌入到规模化养殖户的行为决策之中，以微观主体的视角揭示重大疫病冲击下政策扶持促进生猪规模化养殖的传导机制。现有文献虽然对政策扶持影响生猪规模化养殖这一方面给予了较大关注，但并未通过揭示生猪养殖户的行为决策因素对相应的影响机制给予必要的解释。把疫病风险认知与资金短缺状况作为重大疫病危机下影响生猪规模化养殖的两大行为决策因素，从规模化生猪养殖户的视角考察宏观政策扶持对微观行为决策的作用，正是本书开展的一项重要创新工作。

从研究内容来看，本书对生猪规模化养殖扶持政策接受程度的内在决定机制进行识别。现有文献大多关注侧重于事后政策满意程度的考察，极少涉及侧重于事前政策接受程度的探讨。事实上，为促进生猪规模化养殖，宏观政策扶持与微观行为决策两者之间的联系，主要是通过规模化养殖户对扶持政策的主观评价来实现的，而对作出这一主观评价的内在机制进行识别，正是本书开展的一项重要创新工作。

从研究方案来看，本书通过在全国范围内展开大样本分区域抽样调查来获取数据。现有文献一般只采用小范围单一区域的调查数据，研究结论往往缺乏说服力；或者根据不同的研究目标采用不同的小范围单一区域的调查数据，使各部分研究内容之间因样本差异而在本质上割裂了联系，研究结论往往缺乏可靠性。扩大样本容量，减少抽样误差的累积效应，提高研究结论的科学性，正是本书开展的一项重要创新工作。

第2章　文献综述与理论假设

2.1　文献综述

为进一步明确在政策扶持对生猪规模化养殖的作用中存在着养殖户行为决策考虑缺位的问题，需要围绕生猪养殖产业的相关调控政策，从生猪规模化养殖趋势及其原因、生猪规模化养殖的影响因素、政策扶持对生猪规模化养殖的影响、生猪养殖户对产业扶持政策的接受程度4个方面对国内外研究现状及发展动态进行全面梳理和系统分析。

2.1.1　生猪规模化养殖趋势及其原因

规模化是生猪养殖产业发展到一定阶段的必然产物（Bishwa et al.，2003；陈焕生等，2005；“大宗农产品交易所客户定位与市场开发方案研究”课题组，2010）。规模化养殖作为实现生猪养殖产业稳定发展的基础，在促进产业转型、防控疫病风险、保障市场供给、保护生态环境等方面具有重大的现实意义（王祖力等，2011）。无论是国内还是国外，生猪养殖产业都呈现出规模演进的趋势（胡浩，2004；杜丹清，2009；沈银书等，2012）。Rhodes（1995）对1959—1992年美国生猪养殖场的数量与规模进行了分析，发现养殖场的总体数量在持续减少，但规模养殖场的数量在不断增加。特别是小规模养殖场的数量在持续减少，而大规模养殖场的数量在不断增加并成为产业主体。Shelton（2004）也发现，美国、澳大利亚、荷兰的生猪养殖产业都主要以家庭农场的形式存在，虽然家庭农场的数量在不断减少，但养殖规模在逐年扩大。Mcbride et al.（2007）研究指出，美国生猪养殖产业结构变化呈现出两大特点，即养殖规模不断扩大和专业化程度持续提高。许彪等（2015）分析了中国生猪养殖产业规模化的演变模式，认为未来将会出现龙头企业快速扩张且与黏性化散养户并存的产业格局。梁永厚等（2016）对1995—2014年中国生猪养殖的基础数据进行了挖掘，指出养殖模式转变的分界点在2006年，之后规模化养殖比例迅速提高。

生猪规模化养殖趋势本质上是养殖户主动发起或参与逐利的过程。国内外学者一致认为通过技术进步降低生产成本、获取规模经济是主要动因，如Karantininis（2002）、Foltz（2004）、Shelton（2004）、Key et al.（2006）、Breustedt et al.（2007）、李桦（2007）、Macdonald et al.（2009）、Ogunniyi et al.（2011）、Rasmussen（2011）、Zimmermann et al.（2012）、刘清泉等（2012）、乔颖丽等（2012）、吴敬学等（2012）、Hermesch et al.（2014）、张园园等（2014）、周晶等（2014）、胡小平等（2015）、许彪等（2015）、赵连阁等（2015）、郭策等（2016）、姜羽等（2016）的研究。对中国而言，生猪养殖规模扩张在一定程度上是以散养户退出为代价并通过提高标准化程度来实现的（张永强等，2015；韩璐等，2020）。由于农民收入的多元化（胡浩等，2005；宋连喜，2007；

邓鑫等，2016；阮冬燕等，2018）、就业方式的多样化（Macdonald et al.，2009；沈银书等，2011；Zimmermann et al.，2012；周晶等，2014；胡小平等，2015；许彪等，2015；阮冬燕等，2018；郭利京等，2020）、市场与疫病的双重风险（宋连喜，2007；杨枝煌，2008；张喜才等，2010；沈银书等，2011；战立强，2012；汤颖梅等，2013；许彪等，2015；阮冬燕等，2018；郭利京等，2020）、国家缺乏对生猪散养的扶持（宋连喜，2007）、国家环境保护政策持续收紧（郭利京等，2020）、农民在“产加销”产业链中的不利地位（宋连喜，2007），一部分管理水平低下的散养户加快退出生产，从而促进了规模养殖的发展。生猪规模化养殖具有供给稳定、质量安全、标准化程度高等优点，使屠宰加工行业的有效需求得到了激发（雷仙云等，2013；张永强等，2015），加之饲料加工业的发育（Catelo et al.，2008）和订单农业的发展（Key et al.，2006），客观上推动了规模化进程。

2.1.2 生猪规模化养殖的影响因素

生猪规模化养殖作为一种生产行为，受到养殖户的个体特征、生产特征、外部环境等多方面因素的制约，是这些因素综合作用的体现。为此，农户行为理论提供了4个基本分析框架：第一，以Chayanov（1925）、Scott（1977）为代表的生存小农学派（组织生产学派）强调小农的生存逻辑，认为农户行为追求风险最小化而非利润最大化，遵循着满足家庭需要与劳动辛苦程度两者之间平衡的准则；第二，以Schultz（1964）、Becker（1965）、Popkin（1979）为代表的理性小农学派强调小农的理性动机，认为在根据个人偏好和价值观权衡收益与风险之后，农户行为追求利润最大化；第三，以Lipton（1968）为代表的一些学者将“风险”和“不确定”条件下的“决策理论”引入农户经济行为，提出了作为西方农户经济理论主流之一的风险厌恶理论；第四，以黄宗智（2000和2004）为代表的历史学派在对20世纪30—70年代的中国小农经济进行大量调查之后，提出农民既不完全是生计生产者，也不完全是利润最大化追求者，农户经济行为在经历市场化的同时也一定程度上受农民所处劣势地位的影响。在理论基础上，国内外学者做了大量的实证研究工作。概括而言，影响生猪规模化养殖的个体特征因素有年龄（李响等，2007；汤颖梅等，2013；唱晓阳，2019）、养殖年限（唱晓阳，2019）、家庭人口（Macdonald et al.，2009；杨子刚等，2011）、政策认知（唱晓阳，2019）、文化程度（周晶等，2014；唱晓阳，2019；张园园等，2019）、经营能力（Macdonald et al.，2009；张永强等，2015）、家庭其他收入（杨子刚等，2011；汤颖梅等，2013）、信息获取程度（李文瑛等，2017）、政策满意程度（李文瑛等，2017）、卫生状况关注度（李响等，2007）、家庭劳动力状况（杨子刚等，2011；汤颖梅等，2013；唱晓阳，2019）等；影响生猪规模化养殖的生产特征因素有饲料成本（谭莹，2010；Ogunniyi et al.，2011；周晶等，2014；胡小平等，2015；赵国庆等，2016；胡向东，2019；姜法竹等，2019）、获利水平（胡浩等，2005）、猪肉肉质（Macdonald et al.，2009）、生产成本（郭亚军等，2012；唱晓阳，2019；杨朝英等，2020）、专业化程度（李文瑛等，2017）、生猪存栏数（李响等，2007）、疫病防治能力（杨子刚等，2011）、生猪培育技术（杨朝英等，2020）、生猪出栏能力（张园园等，2019）、猪肉消费能力（周晶等，2014；唱晓阳，2019；张园园等，2019）、猪肉价格水平（张空等，1996；杨朝英，2013；谭莹，2015；许彪等，2015；赵国庆等，2016；唱晓阳，

2019；姜法竹等，2019；张园园等，2019）、能繁母猪存栏量（赵国庆等，2016；唱晓阳，2019）、是否购买生猪保险（李文瑛等，2017）、劳动力人力资本状况（汤颖梅等，2013）、养殖人员数量及场地（赵国庆等，2016）等；影响生猪规模化养殖的外部环境因素有用地状况（Rasmussen，2011；张玉梅等，2013；陈娅，2016）、交通条件（周晶等，2014；张园园等，2019）、生产布局（刘清泉等，2011）、资源禀赋（Catelo et al.，2008；闫振宇等，2012）、疫病灾害（刘清泉等，2011）、环保压力（许彪等，2015；张园园等，2019；杨朝英等，2020）、城镇化水平（张园园等，2019）等。所有这些影响因素在功能上可以区分为能够纳入生猪养殖户主观判断的行为决策因素，以及其他非行为决策因素。

非洲猪瘟疫病暴发对中国生猪养殖产业产生了巨大且长期的影响（胡浩等，2020）。恢复生猪生产面临着疫病风险高、资金匮乏、环保要求过严、政策稳定性受质疑、养殖用地不足等一系列困难（李鹏程等，2020）。聂赟彬等（2020）、周勋章等（2020）探讨了非洲猪瘟疫病背景下生猪养殖户的行为决策因素。概括而言，在重大疫病冲击下，风险态度与资金状况是影响生猪规模化养殖的两个重要行为决策因素。已有研究表明，农户的风险态度对其农业行为决策存在影响。Elnazer et al.（1986）分析指出，农户对最佳轮作的选择受其风险态度的影响。Brennan（2002）研究发现，不同风险规避程度的农户选择的最佳储蓄策略是不同的。Lien et al.（2007）分析认为，林农的再种植和投资决策受其风险规避程度的影响。Zheng et al.（2008）研究指出，较高风险规避程度的农场主更倾向于选择使用生产合约。Bwala et al.（2009）分析得出，农户风险规避的态度限制了他们去寻找改进生产方法的机会。Franken et al.（2009）研究指出，风险规避的农户使用契约合同比使用现货市场进行生猪交易的可能性更大。侯麟科等（2014）和朱臻等（2015）分析表明，农户的风险态度对农业生产投资行为产生影响；张雅燕（2018）研究得出，风险偏好大的养殖户使用安全兽药的意愿越低。值得注意的是，学者们大多仅对生猪价格变异的高风险性具有一致认识，如Patrick et al.（2007）、Phélippé - Guinvarc’H et al.（2010）、宁攸凉等（2010）、易泽忠等（2012）、张立中等（2013）、郭利京等（2014）、许彪等（2014）、翁凌云等（2020）的研究，而对有关生猪疫病风险，尤其是养殖户疫病风险认知对其生产行为影响的论述并不充分。仅有少数学者涉足这个问题，如周勋章等（2020）分析认为，生猪疫病风险认知对养殖户生物安全行为采纳有着显著影响。养殖户的资金状况常常作为生产特征的一个因素被纳入到对其生产行为影响因素的整体考察中。例如，张空等（1996）研究表明，散养户、专业户普遍存在资金短缺问题，因而无法扩大再生产；杨子刚等（2011）分析得出，资金获得的难易程度与农户的养猪意愿呈现出负相关关系；唱晓阳（2019）研究发现，充足的资金对生猪养殖户的长期规模经营生产行为具有显著的正向影响。

2.1.3 政策扶持对生猪规模化养殖的影响

政策扶持也是决定生猪规模化养殖的重要因素。在农业产业政策的相关理论中，影响农户生产行为的政策因素一般可分为补贴政策和非补贴政策。许多学者针对补贴政策的作用提出了各自的见解。Kaldor（1964）研究指出，农民提升农业资本效率有赖于政府的补贴政策。Jesús et al.（2004）分析认为，农户倾向于选择反周期补贴率高的农作物进行生产。Goodwin et al.（2006）研究表明，厌恶高风险的农户不太可能将直接补贴用于农业生产，而与生产挂钩的补贴政策能够对农户的生产行为产生促进作用，并且比脱钩的补贴政策效果要好。James（2007）和Koundouri et al.（2009）分析得出，与生产脱钩的直接收入补贴政策促进农户的要素投入行为。曹光乔等（2010）研究指出，种植规模较小、家庭成员外出打工较多、融资能力较弱的农户容易受补贴政策的影响而选择购买农业机械。刘克春（2010）分析指出，粮食直接补贴、最低收购价政策正向调节了以粮食生产为主要收入来源的农户的粮食种植决策行为。汤颖梅（2012）研究认为，生猪养殖补贴政策在刺激生猪生产的同时加大了价格风险，使养殖户更加倾向于传统生产。吴连翠等（2013）分析指出，粮食补贴政策可以经由农户的种植决策行为与投资决策行为来影响农户的粮食生产行为。谭莹（2015）研究得出，低水平的补贴标准对生猪养殖户的生产行为影响不大，执行成本高且政策效果差；中小规模生猪养殖户受补贴政策的影响较为显著，在资本投入方面有更强烈的扩张欲望。王善高等（2020）分析表明，生猪养殖补贴对技术效率具有一定的促进作用。庞洁等（2021）研究发现，生态补偿政策对农户湿地保护行为的直接激励效应并未得到充分发挥，存在进一步提升的空间。Wenjie（2021）分析认为，实施环境补贴使生猪养殖户更倾向于采纳能够充分实现资源化利用的行为来处理废弃物。学者们主要针对政府规制这一非补贴政策的作用展开了探讨。例如，魏民等（2011）与唱晓阳（2019）研究指出，环境规制对生猪小规模养殖户、散养户的退出生产行为具有显著的正向影响；孙若愚等（2014）分析得出，政府规制对规范生猪养殖户的使用兽药行为具有促进作用；张郁等（2016）研究发现，环境规制对生猪养殖户的环境风险感知-环境行为关系存在正向的调节效应；左志平等（2016）分析认为，环境规制对规模化生猪养殖户的绿色养殖模式的演化具有较强的推动作用；王桂霞等（2017）研究表明，政府监督对规模化生猪养殖户的粪污资源化利用行为具有显著的正向作用；张雅燕（2018）分析指出，政府监管对养殖户的病死猪处理行为具有显著的正向影响。Wenjie（2020）研究显示，排污权交易制度能够激励规模化生猪养殖户采纳沼气发酵行为处理污染，进行废弃物资源化利用的环保投资。童洪志等（2021）分析表明，对秸秆焚烧行为提高处罚力度有助于农户通过购买专业服务行为来实施秸秆机械粉碎还田。

政策扶持作为影响生猪规模化养殖的重要因素，其目的在于推动养殖成本低、防疫条件好、生产能力高的规模养殖场建设（赵国庆等，2016）。尽管一些学者认为政策扶持对农户生产规模产生了消极的影响，如Burfisher et al.（2005）、马彦丽等（2005）、肖国安（2005）、王姣等（2006）、臧文如等（2010）、Weber et al.（2012）、江喜林（2013）、张玉周（2013）、谢枫（2015）、张慧琴等（2016）的研究，仍有不少学者从总体上确认了其积极的作用方向，如黄德林（2004）、邓小华（2004）、曹芳（2005）、Lorent et al.（2009）、司晓杰（2009）、陈慧萍等（2010）、刘克春（2010）、罗光强等（2010）、彭克强等（2010）、陈风波等（2011）、彭澧丽等（2013）、钱加荣等（2015）、辛翔飞等（2016）、张彦君（2017）的研究。但早期研究显示，政策因素对养殖规模的作用方向并不明确（Harrington et al.，1995）。之后大量的研究表明，这显然与政策内容有关。例如，Foltz（2004）分析认为，牛奶最低门槛价格并未推动奶牛场的规模扩张；Huettel et al.（2011）研究得出，严格的牛奶配额不利于欧盟奶牛场的规模扩张；Zimmermann et al.（2012）分析指出，宽松的牛奶配额有利于欧洲奶牛场的规模扩张；Nene et al.（2013）研究发现，环境规制并未对生猪养殖规模化产生显著的抑制作用；张园园等（2019）分析得出，环境规制促进了生猪养殖规模化，并存在显著的空间溢出正效应。

中国自2007年起实施了“一揽子”补贴政策，对500头以上的标准化规模养殖场建设进行财政拨款扶持，对重大疫病扑杀提供资金补偿等，推动了2008年以后生猪规模化养殖的快速发展。关于补贴政策对生猪规模化养殖的作用，许多学者持有肯定意见，如Breustedt et al.（2007）、Macdonald et al.（2009）、沈银书等（2011）、廖翼等（2012）、王小岑等（2012）、李冉等（2013）、张园园等（2014）、周晶等（2014）、胡小平等（2015）、方萍萍（2017）、胡向东（2019）的研究。周晶等（2015）进一步分析表明，补贴政策的作用路径主要是推动大量小规模养殖场扩张进入中规模养殖场的行列。然而，一些学者却发现，补贴政策的滞后效应明显且作用效果呈边际下降趋势（余建斌，2013），如能繁母猪补贴政策对养殖户在短期增加出栏量效果并不显著（张亚雄等，2007；谭莹，2015）。特别是在动态框架下，补贴政策并不具有扩大养殖规模的作用（赵国庆等，2016）。因此可以说，这一政策并未有效刺激养殖户增加猪肉供给（杨朝英，2013；张爱军，2015）。

2.1.4 生猪养殖户对产业扶持政策的接受程度

政策效果并不是制定政策所要考虑的唯一标准，政策的合法性以及人们对政策的态度也是必要的考量因素（Lehner et al.，2016）。从现有的有关“三农”的研究来看，学者们对政策接受程度的考察主要以“政策满意程度”这个概念表现出来，且近年来关注的领域大多集中在精准扶贫政策（石靖等，2018；杨剑等，2018；张广来等，2018；陈哲等，2019；邢伯伦等，2019；焦克源等，2020；徐冬梅等，2020）、生态补偿政策（刘滨等，2018；杜娟等，2019；周升强等，2019a；杜富林等，2020；马橙等，2020；杨清等，2020；张静等，2020）、农业补贴政策（孙前路等，2018；张标等，2018；周凤杰等，2018；刘京京等，2019；周静等，2019）、农业非补贴政策（汪红梅等，2018；李佳欣等，2019；周升强等，2019）、移民搬迁扶持政策（何思好等，2018；赵旭等，2019；陈胜东等，2020；周丽等，2020）等方面。对生猪养殖产业而言，尽管养殖户对产业扶持政策的总体满意度较高（廖翼，2014），但不同地区的满意度并不一致（罗杰等，2008）。一些研究发现，养殖户对能繁母猪补贴等政策的满意度不高（乔娟等，2010），但也有部分研究得出相反的结论（廖翼等，2013）。廖翼等（2013）分析得出，养殖规模、政策认知、政策执行程序满意度、工作人员服务态度满意度这4个因素对中国生猪价格调控政策满意程度具有显著的正向影响，养猪年限则具有显著的负向影响。生猪养殖户对产业扶持政策不满意的原因包括资金发放不及时、补贴额度不够、补贴发放程序繁杂、补贴资金监管乏力、补贴效果不明显，以及各项扶持政策之间缺乏协调等（张亚雄等，2007；罗杰等，2008）。

2.1.5 文献评述

现有的文献提供了较好的研究基础，并给予了一些新的启示。

（1）现有的文献已对生猪规模化养殖的影响因素做了充分的实证考察，但对大规模、大范围突发性事件冲击下影响生猪规模化养殖的行为决策因素缺乏必要的关注。在重大疫病危机下，生猪养殖规模扩张并非是以散养户退出为代价的，需要在一些影响因素中有针对性地、系统地剥离出能够纳入微观主体主观判断的行为决策因素，如可能受到规模化养殖户的疫病风险认知和资金短缺状况的直接影响。

（2）尽管现有的文献在有关政策扶持影响生猪规模化养殖方面已有较为成熟的论证，但对相应的影响机制缺乏必要的解释。事实上，这一影响机制中的主要导体正是生猪养殖户的行为决策因素。关于政策扶持如何经由养殖户的行为决策对生猪规模化养殖产生影响，许多学者至今尚未进行深入的分析，也未给予有力的说明。

（3）关于生猪养殖户对产业扶持政策的接受程度，还缺乏大量的研究。特别是现有的文献大多关注对政策满意程度进行考察，极少涉及对政策接受程度进行的探讨。实际上这两者并不一致，政策满意程度侧重于在事后对政策实施效果进行评价，而政策接受程度侧重于在事前对所要制定的政策实施考量。实证分析生猪养殖户对产业扶持政策的接受程度及其内在决定机制，是揭示政策扶持促进生猪规模化养殖传导机制的关键一环。

总体而言，在重大疫病冲击下探索政策扶持促进生猪规模化养殖的传导机制，应在确定影响生猪规模化养殖的行为决策因素的基础上，把政策扶持嵌入到养殖户的行为决策之中，厘清政策扶持如何经由养殖户的行为决策对生猪规模化养殖产生影响，并揭示养殖户对扶持政策的接受程度是联系宏观政策扶持与微观行为决策的前提条件。这一切有待于结合中国的现实背景展开进一步的深入探讨。

2.2 理论假设

2.2.1 重大疫病冲击下生猪规模化养殖的行为决策机理

重大疫病冲击下，将规模化生猪养殖户的资金短缺状况 m 作为初始禀赋，并设其规模化养殖行为决策的疫病风险 r 为纯风险，均值为 0，方差为 σ^2，反映其规模化养殖行为决策代价的疫病风险溢价则为 $g(r)$。假设规模化生猪养殖户为风险厌恶型生产者，且对其而言在无视疫病风险与承担疫病风险两者之间是无差异的，则有

$$U(m+r)=u[m-g(r)] \tag{2.1}$$

式中：$U(\cdot)$ 与 $u(\cdot)$ 分别为规模化养殖户的期望效用函数和效用函数，且设 $u(\cdot)$ 连续可微。

更进一步，则

$$U(m+r)=\int u(m+r)f(r)dr=u\left[m+\int rf(r)dr-g(r)\right] \tag{2.2}$$

式中：$\int rf(r)dr=E(r)=0$，且 $f(r)$ 为疫病风险 r 的概率密度函数。

根据泰勒展开式得到

$$g(r)=\frac{1}{2}\int r^2 f(r)dr\times\left[-\frac{u''(m)}{u'(m)}\right] \tag{2.3}$$

又因 $\sigma^2=E(r^2)-[E(r)]^2=E(r^2)=\int r^2 f(r)dr$，且相对疫病风险厌恶系数 $R=m\left[-\frac{u''(m)}{u'(m)}\right]$（对于风险厌恶型规模化生猪养殖户有 $R>0$），则进一步得到

$$g(r)=\frac{1}{2}\times\frac{1}{m}\sigma^2R \tag{2.4}$$

式中：σ^2 为方差，实际上就是规模化养殖户的疫病风险认知。

可见，认为扩大养殖规模存在的疫病风险越小（σ^2 越小），或者扩大养殖规模实际所需资金越不短缺（m 越大），承担的规模化养殖行为决策代价就越小［$g(r)$ 越小］，则有可能扩大养殖规模。因此，本书提出假设 1 与假设 2。

假设 1：重大疫病冲击下，规模化生猪养殖户的疫病风险认知与其养殖规模正相关。

假设 2：重大疫病冲击下，规模化生猪养殖户的资金短缺状况与其养殖规模正相关。

2.2.2 重大疫病冲击下生猪规模化养殖的政策扶持效应

2.2.2.1 政策扶持的外生效应

生猪规模化养殖政策扶持的外生效应是指政策扶持作为规模化养殖户的疫病风险认知和资金短缺状况两大行为决策因素的外生变量而对其养殖规模所产生的作用。重大疫病冲击下，为促进生猪规模化养殖而实施政策扶持，假设对受到扶持的规模化养殖户而言，无视疫病风险与承担疫病风险两者之间仍是无差异的，则根据式（2.1）得出

$$U(m+s+r)=u[m+s-g(r)] \tag{2.5}$$

式中：s 为政策扶持力度。

假设 $m^*=m+s$，则按同样的推导过程得到

$$g(r)=\frac{1}{2m^*}\sigma^2R=\frac{1}{2(m+s)}\sigma^2R \tag{2.6}$$

可见，政策扶持力度越大（s 越大），承担的规模化养殖行为决策代价就越大［$g(r)$ 越小］，则有可能扩大养殖规模。因此，本书提出假设 3。

假设 3：重大疫病冲击下，生猪规模化养殖政策扶持力度与受到扶持的规模化养殖户的养殖规模正相关。

2.2.2.2 政策扶持的内生效应

生猪规模化养殖政策扶持的内生效应是指政策扶持作为内生变量经由规模化养殖户的疫病风险认知和资金短缺状况两大行为决策因素而对其养殖规模所产生的作用。

（1）经由疫病风险认知的效应。重大疫病冲击下，假设规模化养殖户根据预期利润的效用值来决定其养殖规模，运用 Just et al.（1978）的随机生产函数模型并基于 Harvey（1976）与 Picazo－Tadeo et al.（2011）的研究，将生猪规模化养殖的随机生产函数定义为

$$y=f(x_k;\alpha)+h(x_k;\beta)\varepsilon \tag{2.7}$$

式中：$f(\cdot)$ 与 $h(\cdot)$ 分别为生猪规模化养殖的平均生产函数和风险函数；y 为规模化养殖户的养殖规模；x_k 为规模化养殖户的第 k 个要素的投入数量（$k=1,2,\cdots,n$）；α 与 β 均为系数项；ε 为误差项并服从标准正态分布。

生猪规模化养殖的预期利润方程为

$$\pi=py-\sum_{k=1}^{n}w_kx_k \tag{2.8}$$

式中：π 为规模化养殖户的预期利润；p 为生猪市场价格；w_k 为第 k 个投入要素的市场

价格。

把式（2.7）代入式（2.8），得到

$$\pi = p[f(x_k;\alpha) + h(x_k;\beta)\varepsilon] - \sum_{k=1}^{n} w_k x_k \tag{2.9}$$

实施生猪规模化养殖政策扶持，假设政府对规模化养殖户划拨一定的资金补助，且将其看作是在生猪市场价格上所给予的一定补贴，则

$$\pi = (p + s)[f(x_k;\alpha) + h(x_k;\beta)\varepsilon] - \sum_{k=1}^{n} w_k x_k \tag{2.10}$$

式中：s 为以生猪市场价格补贴力度为内涵的政策扶持力度。

假设规模化生猪养殖户预期利润的最大化效用值为 $\mathrm{Max}[u(\pi)]$，且效用函数 $u(\cdot)$ 为连续可微函数（Kumbhakar，2002；Koundouri et al.，2009；Kumbhakar et al.，2010；Picazo - Tadeo et al.，2011），根据 Kumbhakar et al.（2010）的推导过程，预期利润最大化 $\mathrm{Max}(\pi)$ 与预期利润效用值最大化 $\mathrm{Max}[u(\pi)]$ 的一阶条件为

$$E[u'(\pi)]\left[(p+s)\frac{\partial f(x_k;\alpha)}{\partial x_k} + (p+s)\frac{\partial h(x_k;\beta)}{\partial x_k}\varepsilon - w_k\right] = 0 \tag{2.11}$$

更进一步，则

$$E[u'(\pi)](p+s)\frac{\partial f(x_k;\alpha)}{\partial x_k} + E[u'(\pi)](p+s)\frac{\partial h(x_k;\beta)}{\partial x_k}\varepsilon - E[u'(\pi)]w_k = 0 \tag{2.12}$$

等式两边除以 $E[u'(\pi)]\times(p+s)$，则

$$\frac{\partial f(x_k;\alpha)}{\partial x_k} + \frac{\partial h(x_k;\beta)}{\partial x_k}\varepsilon - \frac{w_k}{p+s} = 0 \Rightarrow \frac{\partial f(x_k;\alpha)}{\partial x_k} + \frac{\partial h(x_k;\beta)}{\partial x_k} \times \frac{E[u'(\pi)\varepsilon]}{E[u'(\pi)]} - \frac{w_k}{p+s} = 0 \tag{2.13}$$

设 $\theta = \frac{E[u'(\pi)\varepsilon]}{E[u'(\pi)]}$，根据泰勒展开式，则

$$\theta = \frac{E[u'(\pi)\varepsilon]}{E[u'(\pi)]} = \frac{E\{[u'(\pi) + u''(\pi)(p+s)h(x_k;\beta) + \cdots]\varepsilon\}}{E[u'(\pi) + u''(\pi)(p+s)h(x_k;\beta) + \cdots]} = \frac{u''(\pi)(p+s)h(x_k;\beta)}{u'(\pi)}$$

（Kumbhakar，2001；Kumbhakar et al.，2010；Picazo - Tadeo et al.，2011）（2.14）

设 $r = -\frac{u''(\pi)}{u'(\pi)}$（对于风险厌恶型规模化生猪养殖户而言有 $r>0$）为绝对疫病风险厌恶系数（Pratt，1964；Arrow，1971），则

$$\theta = -r \times (p+s)h(x_k;\beta) \tag{2.15}$$

式中：θ 为规模化养殖户的风险偏好值。

对于风险厌恶型规模化生猪养殖户而言有 $\theta<0$（Chambers，1983；Kumbhakar，2002）。更进一步，则

$$h(x_k;\beta) = -\frac{\theta}{r(p+s)} \tag{2.16}$$

可见，政策扶持力度越大（s 越大），认为扩大养殖规模存在的疫病风险就越小［$h(x_k;\beta)$ 越小］，则有可能扩大养殖规模。因此，本书提出假设 4。

假设 4：重大疫病冲击下，生猪规模化养殖政策扶持力度与受到扶持的规模化养殖户的疫病风险认知正相关。

又根据假设 1，提出推论 1。

推论 1：重大疫病冲击下，生猪规模化养殖政策扶持力度经由受到扶持的规模化养殖户的疫病风险认知，与其养殖规模正相关。

（2）经由资金短缺状况的效应。重大疫病冲击下，假设规模化养殖户在既定的成本约束下追求养殖规模最大化，构建生猪规模化养殖的生产函数为 $Q=F(L,K)$，其中 Q、L、K 分别为规模化养殖户的养殖规模、劳动投入、资本投入，则相应的成本方程为

$$C=P_{\mathrm{L}}L+P_{\mathrm{K}}K \tag{2.17}$$

式中：C 为规模化养殖户作为成本支出的资金状况；P_{L} 与 P_{K} 分别为劳动市场价格和资本市场价格。

根据式（2.17）可得到斜率为 $-\frac{P_{\mathrm{L}}}{P_{\mathrm{K}}}$ 的等成本曲线 C_1（图 2.1），它与等产量曲线 Q_1 相切于点 E_1。实施生猪规模化养殖政策扶持，假设政府对规模化养殖户划拨一定的资金补助，且将其看作是政府在资本市场价格上给予的一定补贴，则

$$C=P_{\mathrm{L}}L+(P_{\mathrm{K}}-s)K \tag{2.18}$$

式中：s 为以资本市场价格补贴力度为内涵的政策扶持力度。

根据式（2.18）可得到斜率为 $-\frac{P_{\mathrm{L}}}{P_{\mathrm{K}}-s}$ 的等成本曲线 C_2（图 2.1）。因为 $\left|-\frac{P_{\mathrm{L}}}{P_{\mathrm{K}}-s}\right|>\left|-\frac{P_{\mathrm{L}}}{P_{\mathrm{K}}}\right|(P_{\mathrm{K}}>P_{\mathrm{K}}-s)$，所以等成本曲线 C_2 比 C_1 更为陡峭，且与比 Q_1 更高的等产量曲线 Q_2 相切于点 E_2。更进一步，则

$$C=P_{\mathrm{L}}L+P_{\mathrm{K}}K-sK \tag{2.19}$$

设 $\Delta C=sK$，则

$$C=P_{\mathrm{L}}L+P_{\mathrm{K}}K-\Delta C\Rightarrow C+\Delta C=P_{\mathrm{L}}L+P_{\mathrm{K}}K \tag{2.20}$$

式中：ΔC 为政府对规模化生猪养殖户划拨的资金补助额度。

当然，若将此看作是政府在规模化生猪养殖户成本支出上给予的一定偿付，则

$$C+s=P_{\mathrm{L}}L+P_{\mathrm{K}}K \tag{2.21}$$

式中：s 为以规模化养殖户成本支出偿付力度为内涵的政策扶持力度。

根据式（2.21）可得到斜率仍为 $-\frac{P_{\mathrm{L}}}{P_{\mathrm{K}}}$ 的等成本曲线 C_3（图 2.1），即等成本曲线 C_3 与 C_1 平行，且与比 Q_1 更高的等产量曲线 Q_3 相切于点 E_3。

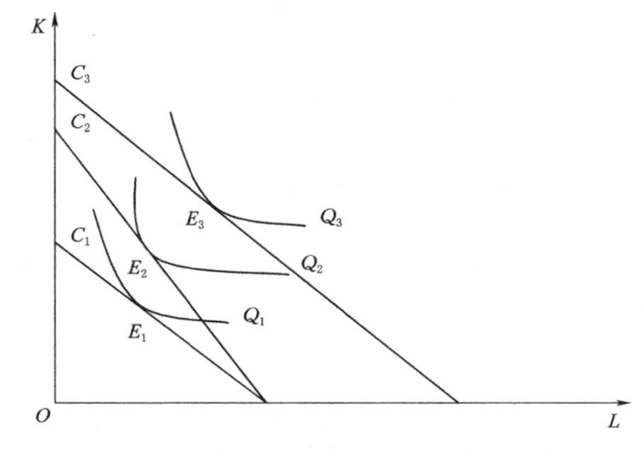

图 2.1　生猪规模化养殖政策扶持经由规模化养殖户资金短缺状况的内生效应

设 $\frac{1}{C+sK}$ 或 $\frac{1}{C+s}$ 为规模化生猪养殖

户的资金短缺状况。可见，政策扶持力度越大（s 越大），扩大养殖规模实际所需资金就越不短缺（$\frac{1}{C+sK}$或$\frac{1}{C+s}$越小），则有可能扩大养殖规模。因此，本书提出假设 5。

假设 5：重大疫病冲击下，生猪规模化养殖政策扶持力度与受到扶持的规模化养殖户的资金短缺状况正相关。

又根据假设 2，提出推论 2。

推论 2：重大疫病冲击下，生猪规模化养殖政策扶持力度经由受到扶持的规模化养殖户的资金短缺状况，与其养殖规模正相关。

2.2.3 生猪规模化养殖扶持政策接受程度的内在决定机理

借鉴满意程度的相关分析框架阐述生猪规模化养殖扶持政策接受程度的内在决定机理。顾客满意程度理论（Rowntree，1902；Savadogo et al.，2015）是有关满意程度的最早的分析框架，它不仅适用于企业产品或服务的质量评价，也适用于政府公共服务的绩效评价（Churchill et al.，1982；Picherack，1987）。顾客满意程度的评价体系有 3 种，即瑞典顾客满意程度指数模型（SCSB）、欧洲顾客满意程度指数模型（ECSI）与美国顾客满意程度指数模型（ACSI）。其中，瑞典顾客满意程度指数模型因简洁有效、适用性强等特点，广泛应用于政策满意程度评价。该模型中顾客满意程度的内在决定关系表达式为

$$\text{顾客满意程度}=f(\text{顾客期望},\text{感知价值},\text{感知质量}) \tag{2.22}$$

顾客期望是指顾客利用过去经验性或非经验性的信息对产品或服务进行的判断与预测，感知价值是指顾客根据产品或服务的质量与其价格相比而在心理上产生的主观感受，感知质量是指顾客在不考虑价格因素的情况下对产品或服务形成的直观感受。一些学者应用这一模型，构建了有关“三农”政策满意程度的分析框架，如李凡凡等（2018）提出的农村居民点整理农户满意程度理论模型、李敏等（2019）设立的农村宅基地退出农户满意程度影响因素模型等。

一般而言，个体对某一事物的主观感受取决于外部特征与自身特征这两大类型的因素（蒋辉等，2016）。因此，与侧重于事后的有关“三农”的政策满意程度不同，侧重于事前的生猪规模化养殖扶持政策接受程度主要取决于规模化养殖户主观概念中的政策工具属性与干预对象属性。政策工具属性主要涉及规模化养殖户对以往生猪规模化养殖扶持政策的透明程度与公平程度的评价。一方面，生猪规模化养殖扶持政策在具体的决策与执行过程中对包括规模化养殖户在内的广大公众保持公开透明，有利于提升公众对扶持政策的导向与实施的认知水平，从而有可能提升规模化养殖户接受扶持政策的意愿；另一方面，生猪规模化养殖扶持政策所主张的权益在不同类型的规模化养殖户之间进行合理而平等的分配，有利于增强规模化养殖户对扶持政策的信任与支持，从而有可能提升规模化养殖户接受扶持政策的意愿。干预对象属性主要涉及规模化养殖户对生猪养殖产业在一般意义上的价值取向与社会信心的选择。规模化养殖户认为政府对生猪养殖产业的所作所为应是市场性的还是计划性的，或者应是从市场性到计划性过程中的某一特定状态，这构成了价值取向。计划倾向越明显，规模化养殖户接受生猪规模化养殖扶持政策的意愿可能越强烈。规模化养殖户对有利于生猪养殖产业健康发展的社会系统正常运转的信心水平，构成了社会信心。信心水平越高，规模化养殖户接受生猪规模化养殖扶持政策的意愿可能越强烈。在

此，生猪规模化养殖扶持政策接受程度的内在决定关系表达式为

$$生猪规模化养殖扶持政策接受程度=f(透明程度,公平程度,价值取向,社会信心) \quad (2.23)$$

本书因而提出假设6、假设7、假设8、假设9。

假设6：政策工具的透明程度属性与生猪规模化养殖扶持政策接受程度正相关。

假设7：政策工具的公平程度属性与生猪规模化养殖扶持政策接受程度正相关。

假设8：干预对象的价值取向属性与生猪规模化养殖扶持政策接受程度正相关。

假设9：干预对象的社会信心属性与生猪规模化养殖扶持政策接受程度正相关。

然而在多数情况下，外因与内因并非相互独立，而是相互作用的（杜洪燕和武晋，2016）。作为外因的政策工具属性，往往是通过作为内因的干预对象属性对生猪规模化养殖扶持政策接受程度发生作用的。由于政府对生猪养殖产业的计划性作为有可能比市场性作为存在更为严重的不对称信息且更容易滋生腐败现象，生猪规模化养殖扶持政策越透明、越公平，规模化养殖户的计划倾向就越明显，则规模化养殖户接受生猪规模化养殖扶持政策的意愿可能越强烈。同时，生猪规模化养殖扶持政策越透明、越公平，恰恰从生猪养殖产业层面反映了社会系统的正常运转，规模化养殖户的信心水平就越高，则规模化养殖户接受生猪规模化养殖扶持政策的意愿可能越强烈。在此，生猪规模化养殖扶持政策接受程度内在决定关系的两个补充表达式为

$$价值取向=f(透明程度,公平程度) \quad (2.24)$$

$$社会信心=f(透明程度,公平程度) \quad (2.25)$$

式（2.24）和式（2.25）结合式（2.23），构成生猪规模化养殖扶持政策接受程度的分析框架（图2.2）。本书继而提出假设10、假设11、假设12、假设13。

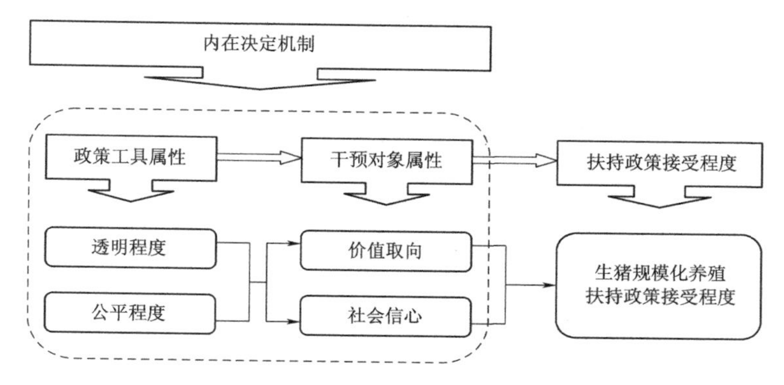

图2.2　生猪规模化养殖扶持政策接受程度的分析框架

假设10：政策工具的透明程度属性与干预对象的价值取向属性正相关。

假设11：政策工具的公平程度属性与干预对象的价值取向属性正相关。

假设12：政策工具的透明程度属性与干预对象的社会信心属性正相关。

假设13：政策工具的公平程度属性与干预对象的社会信心属性正相关。

根据假设8与假设10，提出推论3。

推论3：政策工具的透明程度属性经由干预对象的价值取向属性，与生猪规模化养殖

扶持政策接受程度正相关。

根据假设8与假设11，提出推论4。

推论4：政策工具的公平程度属性经由干预对象的价值取向属性，与生猪规模化养殖扶持政策接受程度正相关。

根据假设9与假设12，提出推论5。

推论5：政策工具的透明程度属性经由干预对象的社会信心属性，与生猪规模化养殖扶持政策接受程度正相关。

根据假设9与假设13，提出推论6。

推论6：政策工具的公平程度属性经由干预对象的社会信心属性，与生猪规模化养殖扶持政策接受程度正相关。

第3章 中国生猪养殖产业发展的宏观分析

1997年以后，畜禽养殖产业已是中国农业经济不可或缺的支柱产业和农村经济最有活力的增长点，成为农民收入的重要来源（姚文捷，2018）。在这一背景下，生猪养殖产业由传统的农户分散养殖模式逐渐向规模化、集约化养殖模式发生转变（赵连阁等，2015），安全、质量、科技、规模、生态、效益逐渐成为这一产业发展的关键。进入21世纪后，中国生猪养殖产业在由数量型产业向质量型、效率型产业转变的同时，继续呈现出稳步、健康发展的态势，特别是随着强农惠农政策的实施，规模化、标准化、产业化、区域化步伐逐渐加快。然而，自2018年8月起，曾于全球多个国家发生、扩散、流行的非洲猪瘟疫病在国内暴发并席卷全国，逼迫中国生猪养殖产业急速转型升级。1997—2018年中国生猪养殖生产状况见表3.1。

表3.1　　1997—2018年中国生猪养殖生产状况

年　份	出栏量/万头	年末存栏量/万头	出栏率/%	猪肉产量/万t
1997	46483.7	40034.8	128.11	3596.3
1998	50215.1	42256.3	125.43	3883.7
1999	51977.2	43144.2	123.00	4005.6
2000	51862.3	41633.6	120.21	3966.0
2001	53281.1	41950.5	127.98	4051.7
2002	54143.9	41776.2	129.07	4123.1
2003	55701.8	41381.8	133.33	4238.6
2004	57278.5	42123.4	138.41	4341.0
2005	60367.4	43319.1	143.31	4555.3
2006	61209.0	41854.4	141.30	4650.3
2007	56640.9	43933.2	135.33	4307.9
2008	61278.9	46433.1	139.48	4682.0
2009	64990.9	47177.2	139.97	4932.8
2010	67332.7	46765.2	142.72	5138.4
2011	67030.0	47074.8	143.33	5131.6
2012	70724.5	48030.2	150.24	5443.5
2013	72768.0	47893.1	151.50	5618.6
2014	74951.5	47160.2	156.50	5820.8
2015	72415.6	45802.9	153.55	5645.4

续表

年　份	出栏量/万头	年末存栏量/万头	出栏率/%	猪肉产量/万 t
2016	70073.9	44209.2	152.99	5425.5
2017	70202.1	44158.9	158.80	5451.8
2018	69382.4	42817.1	157.12	5403.7

注　数据来源于1998—2019年的《中国统计年鉴》，出栏率＝当年出栏量/上一年年末存栏量。

3.1　生猪养殖生产状况

2016—2018年中国区域生猪养殖生产状况见表3.2。

表3.2　2016—2018年中国区域生猪养殖生产状况

养殖区域	出栏量/万头		2016—2018年出栏量增长率/%	出栏率/%		2016—2018年出栏率增长幅度/%
	2018年	2016年		2018年	2016年	
北京	169.4	275.3	−38.47	150.98	166.24	−15.26
天津	278.6	374.8	−25.67	154.78	190.35	−35.57
上海	148.9	171.1	−12.97	133.90	118.90	15.00
江苏	2680.9	2847.3	−5.84	163.44	159.93	3.51
浙江	911.6	1169.2	−22.03	168.01	160.12	7.89
福建	1421.3	1720.5	−17.39	154.19	161.37	−7.18
安徽	2837.4	2874.9	−1.30	200.21	186.75	13.46
江西	3124.0	3103.1	0.67	192.68	183.26	9.43
湖北	4363.5	4223.6	3.31	169.23	169.14	0.09
湖南	5993.7	5920.9	1.23	151.05	145.14	5.91
广东	3757.4	3531.9	6.38	176.17	165.36	10.81
约束发展区	25686.7	26212.6	−2.01	168.70	163.54	5.16
山西	814.6	748.9	8.77	149.72	154.13	−4.41
陕西	1150.8	1142.9	0.69	134.69	135.09	−0.40
甘肃	691.6	670.3	3.18	125.45	111.72	13.73
新疆	526.7	471.0	11.83	153.69	159.93	−6.24
西藏	17.9	18.3	−2.19	42.32	47.41	−5.09
青海	116.5	138.3	−15.76	140.87	116.81	24.06
宁夏	112.5	96.2	16.94	138.89	146.87	−7.98
适度发展区	3430.6	3285.9	4.40	137.31	134.18	3.13
辽宁	2495.8	2608.8	−4.33	190.81	178.99	11.82
吉林	1570.4	1619.3	−3.02	172.36	166.53	5.84
黑龙江	1964.4	1844.7	6.49	137.00	140.38	−3.38
内蒙古	896	909.2	−1.45	177.22	140.90	36.32

续表

养殖区域	出栏量/万头		2016—2018年出栏量增长率/%	出栏率/%		2016—2018年出栏率增长幅度/%
	2018年	2016年		2018年	2016年	
云南	3850.5	3378.6	13.97	127.11	128.69	−1.58
贵州	1869.9	1759.4	6.28	117.10	112.85	4.24
潜力增长区	12647	12120	4.35	143.97	141.36	2.60
河北	3709.6	3433.9	8.03	189.48	184.05	5.42
山东	5082.3	4662.0	9.02	167.16	163.60	3.56
河南	6402.4	6004.6	6.62	145.84	137.22	8.62
重庆	1758.2	2047.8	−14.14	147.55	141.19	6.36
广西	3465.8	3280.1	5.66	151.10	142.38	8.72
四川	6638.3	6925.4	−4.15	151.68	143.81	7.87
海南	561.6	529.6	6.04	140.54	132.04	8.50
重点发展区	27618.2	26883.4	2.73	156.48	148.84	7.64

注 数据来源于1998—2019年的《中国统计年鉴》，出栏率=当年出栏量/上一年年末存栏量。

截至非洲猪瘟疫病暴发的当年年末，中国生猪养殖总量显著提高。表3.1显示，出栏量由1997年的46483.7万头增长至2018年的69382.4万头，年均增长2.35%；相应的是，猪肉产量由1997年的3596.3万t增长至2018年的5403.7万t，年均增长2.39%；年末存栏量22年间稳定在40000万头至50000万头的区间内，年均44133.15万头；出栏率由1997年的128.11%上升至2018年的157.12%，年均上升1.38%。

自2016年农业部印发《全国生猪生产发展规划（2016—2020年）》把全国生猪养殖生产规划为约束发展区、适度发展区、潜力增长区、重点发展区4类区域，直至2018年非洲猪瘟疫病暴发，中国区域生猪养殖生产在一定程度上受到“南猪北养西进”区域布局调整的影响（表3.2）。从出栏量及其增长率来看，2018年有13个省（自治区）的出栏量超过省域均值2238.15万头，出栏量最多的为四川省，达到6638.3万头；2016—2018年全国出栏量增长率为−0.99%，只有17个省（自治区）的出栏量保持增长的趋势，出栏量增长率最高的为宁夏回族自治区，达到16.94%。约束发展区2018年的出栏量尽管占同年全国出栏总量的37.02%，但已呈现出负增长，特别是北京、天津、上海、江苏、浙江、福建、安徽等省（直辖市）和东部沿海省份，因生猪养殖产业增长空间受环境约束很大，2016—2018年出栏量增长率均已呈现负值。适度发展区2018年的出栏量仅占同年全国出栏总量的4.94%，但增长最快，2016—2018年出栏量增长率达到4.40%，只有生猪养殖产业不具传统优势的西藏与青海这两个省（自治区）的出栏量增长率呈现负值。潜力增长区2018年的出栏量占同年全国出栏总量的18.23%，但2016—2018年出栏量增长率接近适度发展区，达到4.35%，因受非洲猪瘟疫病的影响，辽宁、吉林、内蒙古这3个省（自治区）的出栏量增长率呈现负值。重点发展区2018年的出栏量占同年全国出栏总量的39.81%，2016—2018年出栏量增长率为2.73%，重庆与四川这两个省（直辖市）的出栏量增长率呈现负值。从出栏率及2016—2018年出栏率增长幅度来看，2018年有11个省（自治区）的出栏率超过全国水平（157.12%），出栏率最高的为安徽省，达到200.21%；

2016—2018年有18个省（自治区、直辖市）的出栏率增长幅度超过全国水平（4.13%），出栏率增长幅度最大的为内蒙古自治区，达到36.32%。4类区域的出栏率均保持增长趋势。尽管2018年的出栏率从高到低依次为约束发展区、重点发展区、潜力增长区、适度发展区，但2016—2018年出栏率增长幅度从大到小依次为重点发展区、约束发展区、适度发展区、潜力增长区。值得注意的是，有10个省（自治区、直辖市）2016—2018年出栏率增长幅度为负值，已呈现出明显的供给萎缩趋势，即约束发展区的北京、天津、福建3个省（直辖市），适度发展区的山西、陕西、新疆、西藏、宁夏5个省（自治区），潜力增长区的黑龙江、云南两个省份。

3.2 生猪规模化养殖状况

截至非洲猪瘟疫病暴发的当年年末，中国生猪规模化养殖有所发展。按照《中国畜牧兽医年鉴》的规定，将年出栏量50头作为生猪规模化养殖统计的下限。从养殖户数来看，全国生猪养殖年出栏量50头及以上的养殖户数在2002—2012年逐年上升，2012年后受环境保护整治的影响呈现出逐年下降的趋势（图3.1），总体上由2002年的1034843个增加至2018年的1697366个，年均增加4.00%。与此同时，全国生猪养殖年出栏量50头以下的养殖户数由2002年的104332671个减少至2018年的29862082个，年均减少4.46%。特别是2007年农业部启动生猪标准化规模养殖扶持政策后，年出栏量50头至2999头的中小规模养殖户数迅速增加；年出栏量50头以下的养殖户数逐年减少，至2018年减少比例高达62.72%。从规模化养殖户数占比来看，全国生猪养殖年出栏量50头及以上的养殖户数占比由2002年的0.98%逐年上升至2016年的5.64%，之后略微下降至2017的5.37%与2018年的5.38%。尽管全国年出栏量50头及以上生猪养殖规模占比在2006年已高达41.05%，甚至年出栏量500头及以上生猪养殖规模占比在2014年也已高达41.8%，但以散养户和中小规模养殖户为主体的产业结构并未得到改变，中国生猪养殖产业的规模化总体水平依然不高（钟搏，2018）。

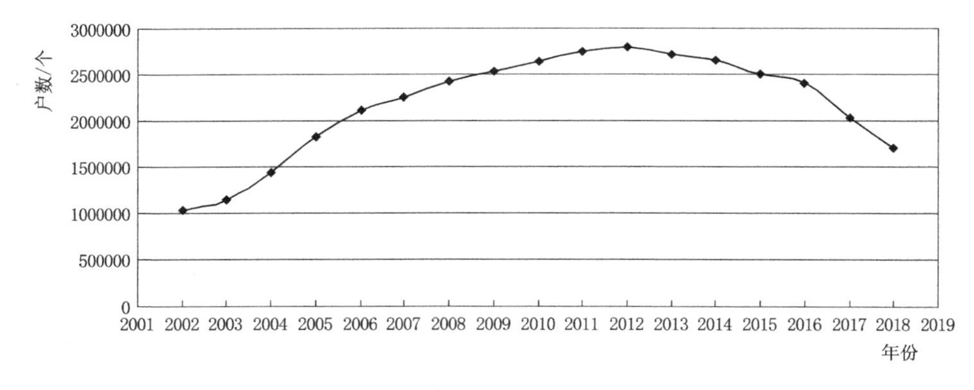

图3.1 2002—2018年中国生猪养殖年出栏量50头及以上养殖户数
（数据来源于2003—2019年的《中国畜牧兽医年鉴》）

2016—2018年中国区域生猪养殖规模发展状况（表3.3）明显受到“南猪北养西进”

区域布局调整的影响。大多数省（自治区、直辖市）规模化养殖户数有所减少，但规模化养殖户数占比却有所提高；4类区域规模化养殖户数均有所减少，且除约束发展区外，其他3类区域规模化养殖户数占比也均有所下降。从养殖户数来看，2018年年出栏量50头及以上养殖户数最多的为湖南省，达到174282个；年出栏量50头以下养殖户数最多的为云南省，达到5066818个。除西藏与贵州这两个省（自治区）外，其余29个省（自治区、直辖市）2018年年出栏量50头及以上的养殖户数与年出栏量50头以下的养殖户数较之2016年都有所减少。其中，上海市年出栏量50头及以上的养殖户数减少幅度与年出栏量50头以下的养殖户数减少幅度均为最大，分别达到91.20%与100.00%。4类区域2018年年出栏量50头及以上养殖户数从多到少依次为重点发展区、约束发展区、潜力增长区、适度发展区，2018年年出栏量50头以下养殖户数从多到少依次为重点发展区、潜力增长区、约束发展区、适度发展区。与2016年相比，4类区域特别是约束发展区与重点发展区所有省（自治区、直辖市）2018年年出栏量50头及以上的养殖户数与年出栏量50头以下的养殖户数都有所减少；4类区域年出栏量50头及以上养殖户数减少幅度从大到小依次为约束发展区（31.35%）、适度发展区（30.44%）、重点发展区（28.57%）、潜力增长区（27.94%），年出栏量50头以下养殖户数减少幅度从大到小依次为约束发展区（31.99%）、适度发展区（30.06%）、重点发展区（23.61%）、潜力增长区（22.78%）。从规模化养殖户数占比来看，有22个省（自治区、直辖市）2018年年出栏量50头及以上养殖户数占比较之2016年有所提高，2018年年出栏量50头及以上养殖户数占比最高的为上海市，达到100.00%。4类区域2018年年出栏量50头及以上养殖户数占比从高到低依次为约束发展区、适度发展区、重点发展区、潜力增长区。除约束发展区外，其他3类区域2018年年出栏量50头及以上养殖户数占比较之2016年均有所下降。

表3.3　2016—2018年中国区域生猪养殖规模发展状况

养殖区域	年出栏量50头及以上养殖户数/个		年出栏量50头以下养殖户数/个		年出栏量50头及以上养殖户数比率/%	
	2018年	2016年	2018年	2016年	2018年	2016年
北京	531	5230	279	6929	65.56	43.01
天津	5028	10679	980	3424	83.69	75.72
上海	92	1046	0	2499	100.00	29.51
江苏	51611	75835	193580	371684	21.05	16.95
浙江	7009	11765	151447	238959	4.42	4.69
福建	10990	22614	26802	103171	29.08	17.98
安徽	63466	82499	960154	1459486	6.20	5.35
江西	39538	65303	351907	589544	10.10	9.97
湖北	81010	102251	1965727	2441246	3.96	4.02
湖南	174282	262790	2350230	3365878	6.90	7.24
广东	63813	84507	274158	644812	18.88	11.59
约束发展区	497370	724519	6275264	9227632	7.34	7.28

续表

养殖区域	年出栏量 50 头及以上养殖户数/个		年出栏量 50 头以下养殖户数/个		年出栏量 50 头及以上养殖户数比率/%	
	2018 年	2016 年	2018 年	2016 年	2018 年	2016 年
山西	36353	47450	86483	205527	29.59	18.76
陕西	41170	65115	475666	876113	7.97	6.92
甘肃	32367	36061	1174837	1392555	2.68	2.52
新疆	7586	21948	15057	60034	33.50	26.77
西藏	140	165	31161	10010	0.45	1.62
青海	2247	2747	166369	262588	1.33	1.04
宁夏	4580	5403	114772	144897	3.84	3.59
适度发展区	124443	178889	2064345	2951724	5.69	5.71
辽宁	91424	108318	472863	577675	16.20	15.79
吉林	57406	130416	226527	492561	20.22	20.93
黑龙江	57020	109568	182826	309206	23.77	26.16
内蒙古	24857	32666	779572	905131	3.09	3.48
云南	164019	187022	5066818	6595189	3.14	2.76
贵州	41664	37620	3842308	4809599	1.07	0.78
潜力增长区	436390	605610	10570914	13689361	3.96	4.24
河北	84657	93971	511331	955293	14.20	8.96
山东	151190	238570	232627	513100	39.39	31.74
河南	114381	147132	496509	919778	18.72	13.79
重庆	30223	41459	2720893	3193721	1.10	1.28
广西	75637	79782	1836842	2169188	3.95	3.55
四川	173100	281174	4911950	6252123	3.40	4.30
海南	9975	12727	241407	333679	3.97	3.67
重点发展区	639163	894815	10951559	14336882	5.51	5.87

注 数据来源于 2017—2019 年的《中国畜牧兽医年鉴》。

3.3 生猪标准化养殖状况

标准化是建立在规模化的基础之上的。一般而言，家庭承包经营制度下的农户独立经营活动导致了农业生产标准化程度低下（张敏，2010）。中国生猪养殖产业的生产格局是以自产自销的中小规模养殖户为主的，组织化程度低，监管成本高。规模化水平不高使标准化程度得不到及时提升，饲养管理规程落后、毛利润率低、市场价格波动大、饲料成本高等诸多问题（杨湘华，2008）一直困扰着绝大多数养殖户。正因如此，截至非洲猪瘟疫病暴发的当年年末，中国生猪养殖产业的生产效率仍然较为低下，特别是质量安全问题与环境污染问题层出不穷。

3.3.1 质量安全问题

近年来，涉及施药行为、疫病防控、病死猪处理等方面的生猪质量安全问题已引起广泛关注。据统计，2001—2015 年，因食用含有瘦肉精猪肉中毒的人数将近 2000 人（王文海，2015）。施药行为不规范，超量施用具有促进生长作用的高铜制剂和砷制剂等饲料添加剂会对生猪安全生产和生态环境保护构成极大威胁。生猪饲养标准规定每千克饲料中含铜量为 4～6mg，一些养殖户为追求高增重，竟使每千克饲料含铜量高达 150～200mg，超剂量的铜会在猪的肝脏、肾脏处沉积，直接危害人畜健康，并且由于仔猪和生长猪对铜的消化率分别只有 18%～25%与 10%～20%，大量的铜元素会随粪便排出体外，造成环境污染。而一个年出栏量上万头的规模化生猪养殖场若不断施用含有砷制剂的饲料，且不进行粪便无害化处理，根据美国食品药品监督管理局（food and drug administration，FDA）对砷制剂的限制用量进行估算，5～8 年后会向周边环境排放出近 1000kg 的砷（李长强等，2013）。

在生猪养殖产业链各个环节存在的诸多质量隐患中，疫病是最难应对的挑战之一。随着生猪养殖规模的持续增长，高密度养殖使病毒变异的速度越来越快，除了流行性腹泻等常见病种零星发生，猪瘟、口蹄疫、蓝耳等重大疫病发生的频率也较高。由于流行范围广、病原复杂性、病种多样化，中国生猪养殖疫病防控形势一直以来都十分严峻。

未进行无害化处理的病死猪既污染环境，也危害人体健康。中国每年因非屠宰死亡的生猪数量高达 1 亿多头，约占出栏量的 20%（吉洪湖等，2014）。一些散养户和中小规模养殖户为节省成本获取收益，非法、违规处理和销售病死猪，使近年来公共卫生事件时有发生，如 2013 年上海黄浦江松江段水域死猪漂浮事件、2014 年江西高安病死猪肉流入 7 省（自治区）事件、2017 年浙江湖州大银山病死猪掩埋事件等。

3.3.2 环境污染问题

3.3.2.1 生猪废弃物污染

生猪废弃物污染是指在养殖过程中养殖场排放的废渣，清洗猪体和饲养场地、器具所产生的污水及恶臭等对环境造成的危害和破坏（张克强等，2004）。这些废弃物既是一种肥料资源，又是一种饲料资源，还是一种燃料资源，但因其污染成分复杂、污染负荷大，又因无害化处理技术缺乏，加之微利行业处于自然与市场的双重风险之下，污染处理投入资金明显不足，容易对环境产生较为严重的影响。特别是相对于生猪养殖规模化的迅速演进，以农田作为废弃物主要消纳场所的环境格局并未得到跟进式的改观，不断萎缩的耕地资源与持续增大的养殖密度相比显得极不配套，农牧脱节更使得大量过剩的废弃物难以得到有效的资源化利用。

表 3.1 显示，2018 年全国生猪出栏量与年末存栏量分别为 69382.4 万头和 42817.1 万头，以二者加总的方式来计算养殖数量则为 112199.5 万头。根据国家环境保护总局推荐的生猪养殖粪尿及其各类污染物年排泄系数（杨朝飞，2002）（表 3.4）、以含氮量为标准的生猪粪尿猪粪当量换算系数（沈根祥等，1994）（表 3.5），测算出生猪养殖粪尿猪粪当量产生量为 42733.4 万 t，5 日生化需氧量（BOD_5）、重铬酸盐指数（COD_{Cr}）、氨氮（NH_3-N）、总磷（TP）、总氮（TN）产生量分别为 1437.5 万 t、1472.4 万 t、114.5 万 t、94.1 万 t、249.5 万 t。其中，粪尿猪粪当量产生量是同年工业固体废物产生量

(331592万t)的12.9%。可见，生猪废弃物污染之势已不容忽视。

表3.4 国家环境保护总局推荐的生猪养殖粪尿及其各类污染物年排泄系数

项目	粪	尿	BOD_5	COD_{Cr}	NH_3-N	TP	TN
年排泄系数/(kg/头)	398.00	656.70	25.98	26.61	2.07	1.70	4.51

注 数据来源于本书参考文献(许彪等，2014)，生猪的饲养周期一般为180d。

表3.5 国家环境保护总局推荐的以含氮量为标准的生猪粪尿猪粪当量换算系数

项目	猪粪	猪尿
含氮比率/%	0.65	0.33
猪粪当量换算系数	1	0.57

注 数据来源于本书参考文献(乔颖丽等，2012)。

“南猪北养西进”区域布局调整之后，2017年中国区域生猪养殖环境承载力状况显示(表3.6)，有16个省(自治区)的耕地面积超过省域均值$4351.01\times10^3hm^2$，耕地面积最多的为黑龙江省，达到$15845.70\times10^3hm^2$；有17个省(自治区、直辖市)的粪尿猪粪当量负荷量超过全国水平($3.23t/hm^2$)，粪尿猪粪当量负荷量最大的为湖南省，达到$9.25t/hm^2$。4类区域耕地面积从多到少依次为潜力增长区、重点发展区、约束发展区、适度发展区，粪尿猪粪当量负荷量从大到小依次为约束发展区、重点发展区、潜力增长区、适度发展区。可见，发展生猪养殖产业，约束发展区与重点发展区的环境压力很大，潜力增长区的环境承载仍有较大的空间，而适度发展区受到当地环境的天然制约。

表3.6 2017年中国区域生猪养殖环境承载力状况

养殖区域	粪尿猪粪当量总量/万t	耕地面积/($\times10^3hm^2$)	粪尿猪粪当量负荷量/(t/hm^2)
北京	134.94	213.70	6.31
天津	181.75	436.80	4.16
上海	114.60	191.60	5.98
江苏	1693.27	4573.30	3.70
浙江	596.06	1977.00	3.01
福建	962.80	1336.90	7.20
安徽	1617.21	5866.80	2.76
江西	1828.86	3086.00	5.93
湖北	2676.18	5235.90	5.11
湖南	3840.84	4151.00	9.25
广东	2226.11	2599.70	8.56
约束发展区	15872.63	29668.70	5.35
山西	520.61	4056.30	1.28
陕西	759.99	3982.90	1.91
甘肃	469.99	5377.00	0.87
新疆	319.36	5239.60	0.61

续表

养殖区域	粪尿猪粪当量总量/万 t	耕地面积/($\times10^3hm^2$)	粪尿猪粪当量负荷量/(t/hm^2)
西藏	23.39	444.00	0.53
青海	73.62	590.10	1.25
宁夏	74.16	1289.90	0.57
适度发展区	2241.11	20979.80	1.07
辽宁	1498.80	4971.60	3.01
吉林	991.33	6986.70	1.42
黑龙江	1342.34	15845.70	0.85
内蒙古	542.59	9270.80	0.59
云南	2599.17	6213.30	4.18
贵州	1303.37	4518.80	2.88
潜力增长区	8277.59	47806.90	1.73
河北	2187.37	6518.90	3.36
山东	3131.13	7589.80	4.13
河南	4041.03	8112.30	4.98
重庆	1120.79	2369.80	4.73
广西	2151.46	4387.50	4.90
四川	4172.69	6725.20	6.20
海南	360.84	722.40	4.99
重点发展区	17165.30	36425.90	4.71

注　数据来源于《中国统计年鉴 2018》，粪尿猪粪当量负荷量=粪尿猪粪当量总量/耕地面积。

3.3.2.2 生猪甲烷排放污染

生猪养殖产业的快速发展不可避免会引起全球气候变暖的二氧化碳、甲烷、氧化亚氮等温室气体的排放。事实上，整个畜牧产业的温室气体排放量占全球温室气体排放总量的18%（Fao，2006）。在温室气体中，甲烷对全球升温的贡献占比为15%（吴兑，2006），尽管其排放量低于二氧化碳，但同体积的温室效应是二氧化碳的20～25倍（李胜利等，2010）。牲畜甲烷排放主要来源于肠道发酵和粪便管理（Chianese et al.，2009），随着牲畜养殖数量的大幅增加，牲畜甲烷排放量也在逐年递增。据统计，全球甲烷排放量为5.5×10^8t，其中牲畜甲烷排放量为8.5×10^7t，约占15.5%（Mcginn et al.，2006），且生猪是不可忽视的一类排放体。在中国，不考虑粪便管理，仅来自肠道发酵的牲畜甲烷排放量就占甲烷排放总量的29.7%（娜仁花，2010）。可见，建立包括生猪养殖产业在内的整个畜牧产业的低碳生产模式，推进节能减排以应对气候变化，已然迫在眉睫。

估算生猪甲烷排放量，采用的计算方法为

$$M=M_1+M_2 \tag{3.1}$$

$$M_1=uQ \tag{3.2}$$

$$M_2=vQ \tag{3.3}$$

式中：M 为生猪甲烷排放量；M_1 与 M_2 分别为生猪的肠道发酵甲烷排放量和粪便管理甲烷排放量；u 与 v 分别为生猪的肠道发酵甲烷排放因子和粪便管理甲烷排放因子；Q 为生猪养殖数量。

针对牲畜的肠道发酵甲烷排放因子和粪便管理甲烷排放因子，已有的研究大多取自《2006 IPCC 国家温室气体清单指南》，为更切合中国各省（自治区、直辖市）的实际情况，本书参考了 2011 年中国国家发展和改革委员会应对气候司组织编制的《省级温室气体清单编制指南（试行）》（表 3.7 与表 3.8）。

表 3.7　牲畜肠道发酵甲烷排放因子　单位：kg/(头·a)

养殖方式	奶牛	非奶牛	水牛	绵羊	山羊	生猪	马	驴/骡	骆驼
规模化养殖	88.1	52.9	70.5	8.2	8.9	1	18	10	46
农户散养	89.3	67.9	87.7	8.7	9.4				
放牧养殖	99.3	85.3	—	7.5	6.7				

注　数据来源于 2011 年中国国家发展和改革委员会应对气候司组织编制的《省级温室气体清单编制指南（试行）》；“—”为缺省项。

表 3.8　牲畜粪便管理甲烷排放因子　单位：kg/(头·a)

地区	奶牛	非奶牛	水牛	绵羊	山羊	生猪	马	驴/骡	骆驼
华北	7.46	2.82	—	0.15	0.17	3.12	1.09	0.60	1.28
东北	2.23	1.02	—	0.15	0.16	1.12	1.09	0.60	1.28
华东	8.33	3.31	5.55	0.26	0.28	5.08	1.64	0.90	1.92
中南	8.45	4.72	8.24	0.34	0.31	5.85	1.64	0.90	1.92
西南	6.51	3.21	1.53	0.48	0.53	4.18	1.64	0.90	1.92
西北	5.93	1.86	—	0.28	0.32	1.38	1.09	0.60	1.28

注　数据来源于 2011 年中国国家发展和改革委员会应对气候司组织编制的《省级温室气体清单编制指南（试行）》；华北地区为北京、天津、河北、山西、内蒙古 5 个省（自治区、直辖市），东北地区为辽宁、吉林、黑龙江 3 个省，华东地区为上海、江苏、浙江、安徽、福建、江西、山东 7 个省（直辖市），中南地区为河南、湖北、湖南、广东、广西、海南 6 个省（自治区），西南地区为重庆、四川、贵州、云南、西藏 5 个省（自治区、直辖市），西北地区为陕西、甘肃、青海、宁夏、新疆 5 个省（自治区）；“—”为缺省项。

为便于进行类比，本书采用同样的方法估算了 2018 年全国各类牲畜的肠道发酵甲烷排放量与粪便管理甲烷排放量，以及相应的占比[1]（表 3.9）。从肠道发酵甲烷排放来看，尽管养殖数量最多，但因排放因子最小，生猪的肠道发酵甲烷排放量为 112.20 万 t，远小

[1] 估算涉及的牲畜有牛、马、驴、骡、骆驼、生猪、山羊、绵羊，共计 8 类。除生猪之外的 7 类牲畜养殖周期较长，当年年末出栏量很少，因而采用年末存栏量来计算养殖数量；生猪的养殖周期一般为 180d，采取年出栏量和年末存栏量加总的方式来计算养殖数量。8 类牲畜涉及的年出栏量和年末存栏量皆来源于 2019 年的《中国统计年鉴》。需要说明的是，表 3.7 中不同养殖方式下牛、羊各自的肠道发酵甲烷排放因子并不一致，由于难以对每一省（自治区、直辖市）各种养殖方式下的牛、羊数量进行统计，并且中国的牛、羊仍以放牧养殖为主，本书决定采用放牧养殖方式下牛、羊的肠道发酵甲烷排放因子；同时，也鉴于难以区分省（自治区、直辖市）范围内奶牛、非奶牛与水牛的数量，本书把表 3.7 中放牧养殖方式下奶牛、非奶牛与水牛的肠道发酵甲烷排放因子的均值（缺省项不计）统一作为牛的肠道发酵甲烷排放因子，把表 3.8 中奶牛、非奶牛与水牛的粪便管理甲烷排放因子的均值（缺省项不计）统一作为牛的粪便管理甲烷排放因子。

于牛，略小于绵羊，在所有牲畜中占比仅为 9.69%。从粪便管理甲烷排放来看，由于养殖数量最多，排放因子也较高，生猪的粪便管理甲烷排放量为 507.12 万 t，超过其他牲畜排放总量的 10 倍，在所有牲畜中占比高达 91.24%。从两类甲烷排放加总来看，生猪甲烷排放量为 619.32 万 t，仅小于牛，远大于其他牲畜，在所有牲畜中占比为 36.13%。可见，生猪甲烷排放污染，尤其是生猪的粪便管理甲烷排放污染，亟须引起应有的重视。

表 3.9　　2018 年中国各类牲畜甲烷排放量及占比

甲烷排放		牛	马	驴	骡	骆驼	生猪	山羊	绵羊
肠道发酵甲烷排放	数量/(万 t/a)	822.89	6.25	2.53	0.76	1.55	112.20	90.95	121.04
	比率/%	71.05	0.54	0.22	0.07	0.13	9.69	7.85	10.45
粪便管理甲烷排放	数量/(万 t/a)	39.66	0.47	0.16	0.06	0.04	507.12	4.52	3.78
	比率/%	7.14	0.08	0.03	0.01	0.01	91.24	0.81	0.68
两类甲烷排放加总	数量/(万 t/a)	862.55	6.72	2.69	0.82	1.59	619.32	95.47	124.82
	比率/%	50.33	0.39	0.16	0.05	0.09	36.13	5.57	7.28

注　数据来源于《中国统计年鉴 2019》与 2011 年中国国家发展和改革委员会应对气候司组织编制的《省级温室气体清单编制指南（试行）》。

3.4　非洲猪瘟疫病冲击与中国生猪规模化养殖之路

非洲猪瘟（african swine fever，ASF）是由非洲猪瘟病毒（african swine fever virus，ASFV）感染家猪和各种野猪（如非洲野猪、欧洲野猪等）而引起的一种急性、出血性、烈性传染病，被世界动物卫生组织（office international des épizooties，OIE）列为法定报告动物疫病。中国也将其列为重点防范的一类动物疫病。2018 年 8 月 1 日，辽宁省沈阳市沈北新区某养殖户饲养的 383 头生猪中有 47 头因发生疑似非洲猪瘟疫病而死亡，8 月 3 日该疫病被确认，成为中国首例非洲猪瘟发病记录。之后，疫病在国内迅速散播。据农业农村部相关统计显示，从 2018 年 8 月初至 2019 年 7 月底，全国 31 个省（自治区、直辖市）共发生 150 例非洲猪瘟疫病，其中家猪 147 例，野猪 3 例，累计扑杀生猪 116 万头。2018 年 9—12 月共报告疫病 99 例，平均每月约 20 例，占观察期报告疫病总数的 66%；2019 年 1—7 月共报告疫病 51 例，平均每月约 7 例，占观察期报告疫病总数的 34%。从报告疫病的地区分布来看（图 3.2），辽宁是观察期报告疫病数量最多的省，计 20 例。辽宁、吉林、黑龙江、内蒙古这 4 个省（自治区）共报告疫病 37 例，占观察期报告疫病总数的 24.7%，远远高于其猪肉产量占全国的总产量（10%），因而成为非洲猪瘟疫病的重灾区。此外，四川、湖南、湖北等生猪存栏量较大的省（自治区、直辖市）报告疫病数量较多，贵州报告疫病 11 例，位列全国第二名［数据来源于国家农业农村部政府信息网（http：//www.moa.gov.cn）］。

非洲猪瘟疫病冲击对中国生猪养殖产业的影响主要体现在 3 个方面。

（1）生猪产能大幅下降。非洲猪瘟疫病暴发初期，大量生猪被动淘汰，加上农业农村部严禁活猪跨省调运，直接导致了大猪无法按时出栏，仔猪无法及时补栏，疫病风险也降

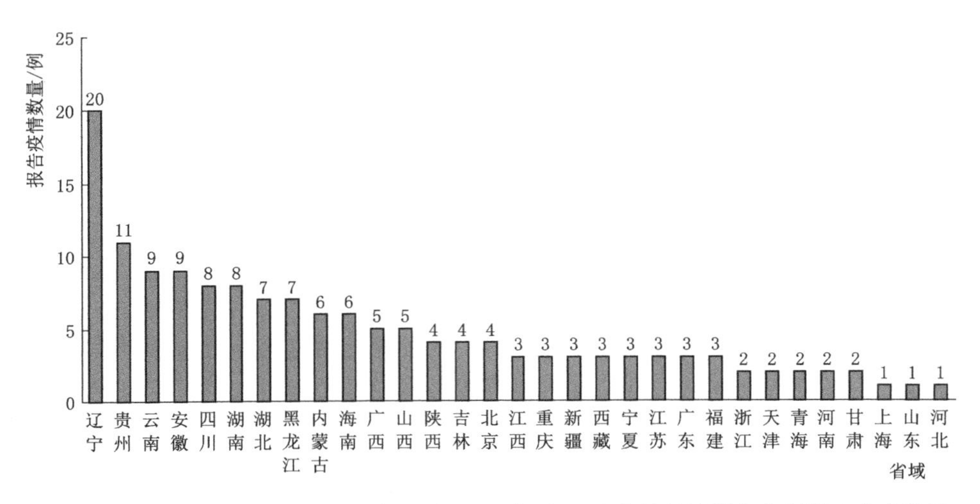

图 3.2　2018 年 8 月 3 日—2019 年 7 月 31 日中国 31 个省域累计报告非洲猪瘟疫病数量

低了养殖户的补栏意愿。同时，大猪不出栏继续饲养，不仅导致养殖户资金流紧张，而且占据猪舍限制了仔猪入栏，从而引发仔猪价格下降，繁育亏损，造成大量能繁母猪被动淘汰。此外，出于对非洲猪瘟疫病的担忧，消费者的猪肉需求开始萎缩，增加了销售难度，进一步降低了养殖户的补栏意愿。

（2）猪肉价格从区域分化到全国普涨。以 2019 年 3 月为界，2018 年 8—11 月疫病的持续引起主产区猪肉价格下跌，而主销区因供应链被切断，缺乏生猪调入，导致猪肉价格上涨。2019 年 3 月之后，生猪产能整体下降使全国猪肉价格普遍上涨，其中华南、东北、华东地区涨幅最大，西南地区涨幅最小。

（3）行业进入门槛提高，行业集中程度提升。在中国传统饮食中，猪肉属于必需品，需求的价格弹性很低，价格提升的幅度必然大于消费数量减少的幅度（图 3.3），因此一些规模较大的生猪养殖户获益于供给短缺造成的猪肉涨价。在非洲猪瘟疫病的冲击下，2019 年上半年全国生猪出栏量为 31346 万头，同比下降 6.2%，但 2019 年 1—7 月，12 家上市养殖户[1]却销售生猪共计 3038 万头，同比增长 13.5%。由于上市养殖户凭借资本优势一直在进行产能扩张，补栏能力很强，且具有明显的技术优势与防疫优势，行业集中程度开始加速提升。特别是江西正邦科技股份有限公司、牧原食品股份有限公司和温氏食品集团有限公司这 3 家龙头养殖户的市场占有率从 2018 年的 5.6%上升至 2019 年上半年的 6.6%。

可见，在非洲猪瘟疫病冲击下，除这些规模较大的生猪养殖户外，大量的中小规模养殖户与散养户实际上被迫整改转型甚至淘汰，对非洲猪瘟疫病的防控竟成了中国生猪养殖产业转型的一种动力。生猪养殖产业是一种资金密集型和技术密集型产业。在非洲猪瘟疫

[1] 12 家上市养殖户为温氏食品集团有限公司、牧原食品股份有限公司、江西正邦科技股份有限公司、天邦食品股份有限公司、新希望集团有限公司、北京大北农科技集团股份有限公司、唐人神集团股份有限公司、天康生物股份有限公司、福建傲龙生物科技集团股份有限公司、雏鹰农牧集团股份有限公司、深圳市金新农科技股份有限公司、山东龙大肉食品股份有限公司。

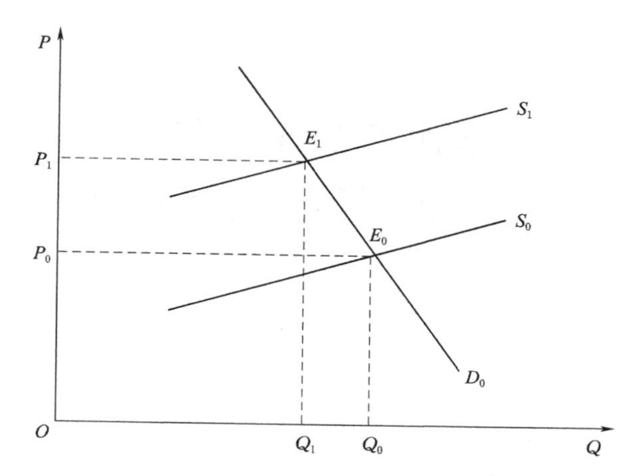

图 3.3　非洲猪瘟疫病冲击下猪肉市场的供给变动与价格变化

P、P_1、P_0—价格；S_1、S_0—供给曲线；E_1、E_0—均衡点；D_0—需求曲线；Q、Q_1、Q_0—数量

病与猪周期的叠加影响下，无论是散养户还是规模养殖户都在寻求集约化发展。面临资源约束、市场波动、疫病风险、环境规制，生猪养殖户在优良猪种、生产设施、养殖技术、防疫体系、粪污处理等方面的需求十分迫切，这也是长期以来的“痛点”。因此，加快产业转型升级，构建标准化生产体系，大力发展规模化养殖，充分调动养殖户补栏积极性，切实解决养殖户不敢养、不想养、养不起等问题，已成为中国生猪养殖产业可持续发展的必由之路。

第4章　重大疫病冲击下中国生猪养殖产业发展的微观调查

4.1　调查说明

本书针对规模化生猪养殖户在全国范围内展开大样本分区域抽样调查。《中国畜牧兽医年鉴》把生猪养殖规模按年出栏头数分为9类，即1～49头、50～99头、100～499头、500～999头、1000～2999头、3000～4999头、5000～9999头、10000～49999头、50000头以上，同时将年出栏50头作为生猪规模化养殖统计的下限。据此并结合实地调查情况，定义生猪年出栏50～99头为小规模养殖户，年出栏100～499头为中规模养殖户，年出栏500～999头为大规模养殖户，年出栏1000头以上为超大规模养殖户。按照《全国生猪生产发展规划（2016—2020年）》的区域分类标准，选取约束发展区的江苏、浙江、江西、湖南、广东，潜力增长区的山西与陕西，适度发展区的辽宁、吉林、黑龙江，重点发展区的山东、河南、四川，共计13个典型省作为调查的目标省域。更进一步，每个目标省域内按大、中、小3类县各选取2个典型县作为调查的目标县域，每个目标县域内按大、中、小3类乡（镇）各选取2个典型乡（镇）作为调查的目标乡（镇）域，每个目标乡（镇）域内按大、中、小3类村各选取2个典型村作为调查的目标村域，每目标个村域内按4类养殖规模共选取5个典型规模化生猪养殖户作为调查对象并对户主进行调查。

2019年8月，国务院常务会议召开之后，中央层面迅速、密集地发布了促进生猪规模化养殖的各项扶持政策。考虑到扶持政策存在时滞性，正式调查自2021年1月起展开，并于当年10月结束。此前，先就调查的目的与内容、科学提问方式、问卷填写方法以及相关注意事项等方面对调查员进行系统培训；再采取面对面访谈的形式对浙江省内若干个规模化生猪养殖户实施预调查，期间根据实际情况对调查问卷（附录A）做了反复的修改与完善。在正式调查期间，除规模化生猪养殖户外，还与生猪贩运户、屠宰加工厂以及省、市、县、乡（镇）、村5级畜牧兽医部门的相关人员进行了多次座谈，全面、详细了解非洲猪瘟疫病冲击下当地目前的生猪规模化养殖的相关情况。截至2021年10月，发放调查问卷共计14040份，获得有效问卷共计12843份（有效问卷比例为91.47%）。调查问卷分省域回收情况如表4.1所示。

表4.1　调查问卷分省域回收情况

省域	发放调查问卷数量/份	有效调查问卷数量/份	有效问卷比率/%
江苏	1080	985	91.20
浙江	1080	995	92.13

续表

省域	发放调查问卷数量/份	有效调查问卷数量/份	有效问卷比率/%
江西	1080	989	91.57
湖南	1080	983	91.02
广东	1080	987	91.39
山西	1080	984	91.11
陕西	1080	990	91.67
辽宁	1080	986	91.30
吉林	1080	997	92.31
黑龙江	1080	989	91.57
山东	1080	988	91.48
河南	1080	990	91.67
四川	1080	980	90.74

4.2 规模化生猪养殖户的基本情况

本书利用全国范围内的大样本分区域抽样调查数据，从户主年龄、户主教育程度、户主健康状况、户主养殖年数、户主培训经历、家庭兼业状况、交通便利性、加入产业化组织状况、获取土地的难易程度、户主质量安全意识、户主环境保护意识、户主优质优价意识12个方面说明规模化生猪养殖户的基本情况。表4.2根据《非洲猪瘟疫病冲击下生猪规模化养殖调查问卷》(附录A)列示了系列变量的定义，表4.3与表4.4根据统计结果分别列示了系列变量的样本特征和样本分布，表4.5与表4.6根据统计结果分别列示了系列变量的分规模样本均值和分省域样本均值。

表4.2　　规模化生猪养殖户基本情况系列变量的定义

变　量	定　　义
户主年龄	①户主的年龄（实际值）；②户主的年龄（分类值）：29岁及以下=1，30～39岁=2，40～49岁=3，50～59岁=4，60岁及以上=5
户主教育程度	户主的学历：小学未毕业=1，小学毕业=2，初中毕业=3，高中毕业=4，大专毕业=5，本科毕业=6，研究生毕业=7
户主健康状况	户主的健康状况：较差=1，一般=2，良好=3
户主养殖年数	①户主从事养猪的年数（实际值，未满1年计为1年）；②户主从事养猪的年数（分类值，未满1年计为1年）：1～9年=1，10～19年=2，20～29年=3，30年及以上=4
户主培训经历	户主是否参加过有关生猪养殖的指导或培训：否=0，是=1
家庭兼业状况	户主所在的家庭是否兼业：否=0，是=1
交通便利性	户主所在养殖户建址的交通便利性：很差=1，较差=2，一般=3，较好=4，很好=5
加入产业化组织状况	户主所在的养殖户是否与生猪养殖产业化组织签订了合同：否=0，是=1

续表

变　量	定　　义
获取土地的难易程度	户主所在的养殖户获取生猪养殖用地的难易程度：较难=1，一般=2，容易=3
户主质量安全意识	户主认为的食用质量安全不达标的猪肉对人体健康的影响：没有影响=1，影响较小=2，影响一般=3，影响较大=4，影响很大=5
户主环境保护意识	户主认为的因生猪养殖废弃物不进行综合利用、病死猪不实施无害化处理所导致环境污染的严重程度：毫不严重=1，较不严重=2，有点严重=3，比较严重=4，非常严重=5
户主优质优价意识	户主是否认为生猪养殖应实现“优质优价”：否=0，是=1

表 4.3　　规模化生猪养殖户基本情况系列变量的样本特征统计结果

变　　量	最大值	最小值	均值	标准差
户主年龄	69	25	45.09	11.57
户主教育程度	7	1	4.00	1.39
户主健康状况	3	1	2.34	0.63
户主养殖年数	43	1	10.65	7.40
户主培训经历	1	0	0.56	0.50
家庭兼业状况	1	0	0.48	0.50
交通便利性	5	1	3.43	1.22
加入产业化组织状况	1	0	0.66	0.47
获取土地的难易程度	3	1	2.04	0.68
户主质量安全意识	5	1	3.94	0.91
户主环境保护意识	5	1	4.12	0.94
户主优质优价意识	1	0	0.79	0.41

表 4.4　　规模化生猪养殖户基本情况系列变量的样本分布统计结果

变　　量	类　　型	样本/个	比率/%
户主年龄	29岁及以下	1201	9.35
	30～39岁	3410	26.55
	40～49岁	3807	29.65
	50～59岁	2682	20.88
	60岁及以上	1743	13.57
户主教育程度	小学未毕业	728	5.67
	小学毕业	1073	8.35
	初中毕业	2726	21.23
	高中毕业	3265	25.42
	大专毕业	3103	24.16
	本科毕业	1887	14.69
	研究生毕业	61	0.48

续表

变　量	类　型	样本/个	比率/%
户主健康状况	较差	1063	8.28
	一般	6289	48.97
	良好	5491	42.75
户主养殖年数	1～9 年	6420	49.99
	10～19 年	4856	37.81
	20～29 年	1263	9.83
	30 年及以上	304	2.37
户主培训经历	否	5675	44.19
	是	7168	55.81
家庭兼业状况	否	6641	51.71
	是	6202	48.29
交通便利性	很差	858	6.68
	较差	2297	17.89
	一般	3361	26.17
	较好	3153	24.55
	很好	3174	24.71
加入产业化组织状况	否	4363	33.97
	是	8480	66.03
获取土地的难易程度	较难	2701	21.03
	一般	6867	53.47
	容易	3275	25.50
户主质量安全意识	没有影响	88	0.69
	影响较小	735	5.72
	影响一般	2980	23.20
	影响较大	5116	39.84
	影响很大	3924	30.55
户主环境保护意识	毫不严重	84	0.65
	较不严重	774	6.03
	有点严重	2124	16.54
	比较严重	4384	34.13
	非常严重	5477	42.65
户主优质优价意识	否	2675	20.83
	是	10168	79.17

表 4.5　　规模化生猪养殖户基本情况系列变量的分规模样本均值统计结果

养殖规模	户主年龄	户主教育程度	户主健康状况	户主养殖年数	户主培训经历	家庭兼业状况	交通便利性	加入产业化组织状况	获取土地的难易程度	户主质量安全意识	户主环境保护意识	户主优质优价意识
小规模	44.85	3.86	2.17	10.37	0.59	0.47	3.26	0.67	2.01	3.87	4.08	0.80
中规模	44.70	3.98	2.08	10.39	0.54	0.49	3.46	0.66	2.07	3.97	4.13	0.79
大规模	44.80	4.01	1.99	10.31	0.54	0.49	3.51	0.66	2.06	4.00	4.13	0.79
超大规模	47.83	4.46	2.00	13.19	0.59	0.45	3.61	0.62	2.02	3.89	4.20	0.78

表 4.6　　规模化生猪养殖户基本情况系列变量的分省域样本均值统计结果

省域	户主年龄	户主教育程度	户主健康状况	户主养殖年数	户主培训经历	家庭兼业状况	交通便利性	加入产业化组织状况	获取土地的难易程度	户主质量安全意识	户主环境保护意识	户主优质优价意识
江苏	44.91	4.07	2.20	11.84	0.96	0.68	2.59	0.89	1.62	3.60	4.56	0.81
浙江	42.57	3.67	2.25	10.96	0.96	0.38	2.40	0.43	1.39	3.36	4.61	0.92
江西	46.09	4.07	2.50	10.73	0.89	0.50	2.60	0.78	2.28	3.91	3.20	0.86
湖南	44.58	3.83	2.49	10.05	0.71	0.51	2.51	0.59	2.04	4.50	3.88	0.68
广东	44.81	3.83	2.29	10.34	0.56	0.57	2.87	0.86	2.15	4.50	3.91	0.61
山西	45.81	4.00	2.65	10.96	0.09	0.36	3.36	0.44	2.07	4.40	4.24	0.79
陕西	46.41	4.08	2.58	10.49	0.67	0.47	3.67	0.74	2.10	4.24	4.08	0.86
辽宁	45.16	3.97	2.52	10.94	0.41	0.63	4.29	0.54	2.11	3.81	4.14	0.69
吉林	46.69	4.01	2.56	10.59	0.74	0.32	4.07	0.62	2.07	3.54	4.39	0.91
黑龙江	45.06	4.24	2.07	10.21	0.30	0.57	4.14	0.81	2.10	4.09	4.25	0.88
山东	44.94	3.79	2.40	9.71	0.20	0.55	4.42	0.58	2.38	3.65	4.50	0.76
河南	45.80	4.35	2.04	11.03	0.63	0.32	4.19	0.55	2.25	3.83	4.26	0.75
四川	43.33	4.07	1.93	10.57	0.12	0.41	3.43	0.77	2.03	3.78	3.56	0.77

(1) 户主年龄。样本统计结果见表 4.3 与表 4.4。样本的取值区间为 25～69，均值为 45.09，标准差为 11.57。29 岁及以下的有 1201 个，占比为 9.35%；30～39 岁的有 3410 个，占比为 26.55%；40～49 岁的有 3807 个，占比为 29.65%；50～59 岁的有 2682 个，占比为 20.88%；60 岁及以上的有 1743 个，占比为 13.57%。样本基本以 30～39 岁、40～49 岁、50～59 岁这 3 种类型为主体。

分规模样本统计结果如表 4.5 与表 4.7。分规模样本均值区间为 44～48；除超大规模的均值大于 45.00 外，其余 3 类养殖规模的均值均小于 45.00；超大规模的均值 (47.83) 为最大，中规模的均值 (44.70) 为最小。各类养殖规模均以 40～49 岁的个数占比为最大，29 岁及以下的个数占比为最小。特别的是，超大规模这类养殖规模中 29 岁及以下的个数为 0。

表 4.7 户主年龄的分规模样本分布统计结果

养殖规模	29 岁及以下		30～39 岁		40～49 岁		50～59 岁		60 岁及以上	
	样本/个	比率/%	样本/个	比率/%	样本/个	比率/%	样本/个	比率/%	样本/个	比率/%
小规模	404	10.26	1008	25.60	1181	29.99	840	21.33	505	12.82
中规模	459	10.89	1124	26.67	1203	28.55	874	20.74	554	13.15
大规模	338	9.98	960	28.34	970	28.64	640	18.90	479	14.14
超大规模	0	0	318	24.39	453	34.74	328	25.15	205	15.72

分省域样本统计结果见表 4.6 与表 4.8。分省域样本均值区间为 42～47，吉林的均值（46.69）为最大，浙江的均值（42.57）为最小。浙江、辽宁、吉林、黑龙江、山东、四川这 6 个省均以 30～39 岁的个数占比为最大，江苏、江西、湖南、广东、山西、陕西、河南这 7 个省均以 40～49 岁的个数占比为最大；除浙江与江西这两个省均以 60 岁及以上的个数占比为最小外，其余 11 个省均以 29 岁及以下的个数占比为最小。

表 4.8 户主年龄的分省域样本分布统计结果

省域	29 岁及以下		30～39 岁		40～49 岁		50～59 岁		60 岁及以上	
	样本/个	比率/%	样本/个	比率/%	样本/个	比率/%	样本/个	比率/%	样本/个	比率/%
江苏	56	5.68	189	19.19	446	45.28	197	20.00	97	9.85
浙江	132	13.27	294	29.55	287	28.84	199	20.00	83	8.34
江西	69	6.98	135	13.65	422	42.67	307	31.04	56	5.66
湖南	108	10.99	224	22.79	331	33.67	196	19.94	124	12.61
广东	117	11.85	262	26.54	271	27.46	202	20.47	135	13.68
山西	80	8.13	261	26.52	268	27.24	216	21.95	159	16.16
陕西	103	10.41	240	24.24	248	25.05	217	21.92	182	18.38
辽宁	91	9.23	309	31.34	257	26.06	171	17.34	158	16.03
吉林	91	9.13	265	26.58	237	23.77	210	21.06	194	19.46
黑龙江	100	10.11	290	29.32	238	24.07	228	23.05	133	13.45
山东	103	10.43	284	28.74	268	27.13	191	19.33	142	14.37
河南	62	6.26	288	29.09	295	29.80	203	20.51	142	14.34
四川	89	9.08	369	37.65	239	24.39	145	14.80	138	14.08

（2）户主教育程度。样本统计结果见表 4.3 与表 4.4。样本的取值区间为 1～7，均值为 4.00，标准差为 1.39。小学未毕业的有 728 个，占比为 5.67%；小学毕业的有 1073 个，占比为 8.35%；初中毕业的有 2726 个，占比为 21.23%；高中毕业的有 3265 个，占比为 25.42%；大专毕业的有 3103 个，占比为 24.16%；本科毕业的有 1887 个，占比为 14.69%；研究生毕业的有 61 个，占比为 0.48%。样本基本以初中毕业、高中毕业、大专毕业这 3 种类型为主体。

分规模样本统计结果见表 4.5 与表 4.9。分规模样本均值区间为 3～5；大规模与超大规模这两类养殖规模的均值均大于4.00，小规模与中规模这两类养殖规模的均值均小于4.00；超大规模的均值（4.46）为最大，小规模的均值（3.86）为最小。除超大规模以大专毕业的个数占比为最大外，其余3类养殖规模均以高中毕业的个数占比为最大；除超大规模以小学未毕业的个数占比为最小外，其余3类养殖规模均以研究生毕业的个数占比为最小。特别的是，超大规模这类养殖规模中小学未毕业的个数为0。

表4.9　　户主教育程度的分规模样本分布统计结果

养殖规模	小学未毕业		小学毕业		初中毕业		高中毕业		大专毕业		本科毕业		研究生毕业	
	样本/个	比率/%	样本/个	比率/%	样本/个	比率/%	样本/个	比率/%	样本/个	比率/%	样本/个	比率/%	样本/个	比率/%
小规模	352	8.94	392	9.95	802	20.37	926	23.51	860	21.84	587	14.91	19	0.48
中规模	187	4.44	419	9.94	947	22.47	1055	25.04	978	23.21	610	14.48	18	0.42
大规模	189	5.58	261	7.70	700	20.67	908	26.81	842	24.86	470	13.88	17	0.50
超大规模	0	0	1	0.08	277	21.24	376	28.83	423	32.44	220	16.87	7	0.54

分省域样本统计结果见表4.6与表4.10。分省域样本均值区间为3～5；除浙江、湖南、广东、辽宁、山东这5个省的均值均小于4.00外，其余8个省的均值均大于4.00；河南的均值（4.35）为最大，浙江的均值（3.67）为最小。浙江、山西、吉林、四川这4个省均以初中毕业的个数占比为最大，江苏、江西、广东、陕西、黑龙江、山东、河南这7个省均以高中毕业的个数占比为最大，湖南与辽宁这两个省均以大专毕业的个数占比为最大；各省均以研究生毕业的个数占比为最小。

表4.10　　户主教育程度的分省域样本分布统计结果

省域	小学未毕业		小学毕业		初中毕业		高中毕业		大专毕业		本科毕业		研究生毕业	
	样本/个	比率/%	样本/个	比率/%	样本/个	比率/%	样本/个	比率/%	样本/个	比率/%	样本/个	比率/%	样本/个	比率/%
江苏	27	2.74	101	10.26	179	18.17	295	29.95	237	24.06	140	14.21	6	0.61
浙江	87	8.74	112	11.26	305	30.65	168	16.88	194	19.50	122	12.26	7	0.71
江西	59	5.96	70	7.08	176	17.80	285	28.82	235	23.76	162	16.38	2	0.20
湖南	32	3.25	189	19.23	183	18.62	194	19.74	281	28.59	99	10.07	5	0.50
广东	84	8.51	99	10.03	188	19.05	268	27.15	228	23.10	114	11.55	6	0.61
山西	42	4.27	58	5.89	282	28.66	225	22.87	232	23.58	143	14.53	2	0.20
陕西	53	5.35	65	6.57	183	18.48	297	30.00	235	23.74	153	15.45	4	0.41
辽宁	80	8.11	86	8.72	175	17.75	243	24.65	251	25.46	149	15.11	2	0.20
吉林	43	4.31	45	4.51	299	29.99	237	23.77	224	22.47	141	14.14	8	0.81
黑龙江	45	4.55	49	4.95	172	17.39	272	27.50	261	26.39	185	18.71	5	0.51
山东	99	10.02	104	10.53	167	16.90	274	27.73	222	22.47	119	12.04	3	0.31
河南	31	3.13	42	4.24	153	15.46	287	28.99	278	28.08	198	20.00	1	0.10
四川	46	4.69	53	5.41	264	26.94	220	22.45	225	22.96	162	16.53	10	1.02

（3）户主健康状况。样本统计结果如表 4.3 与表 4.4。样本的取值区间为 1～3，均值为 2.34，标准差为 0.63。较差的有 1063 个，占比为 8.28%；一般的有 6289 个，占比为 48.97%；良好的有 5491 个，占比为 42.75%。样本基本以一般与良好这两种类型为主体。

分规模样本统计结果见表 4.5 与表 4.11。分规模样本均值区间为 1～3；除大规模的均值小于 2.00 外，其余 3 类养殖规模的均值均大于 2.00；小规模的均值（2.17）为最大，大规模的均值（1.99）为最小。各类养殖规模均以一般的个数占比为最大，较差的个数占比为最小。

表 4.11　　户主健康状况的分规模样本分布统计结果

养殖规模	较差		一般		良好	
	样本/个	比率/%	样本/个	比率/%	样本/个	比率/%
小规模	249	6.32	2040	51.80	1649	41.88
中规模	362	8.59	2032	48.22	1820	43.19
大规模	311	9.18	1593	47.03	1483	43.79
超大规模	141	10.81	624	47.85	539	41.34

分省域样本统计结果如表 4.6 与表 4.12。分省域样本均值区间为 1～3；除四川的均值小于 2.00 外，其余 12 个省的均值均大于 2.00；山西的均值（2.65）为最大，四川的均值（1.93）为最小。四川以较差的个数占比为最大，江苏、浙江、湖南、广东、黑龙江、河南这 6 个省均以一般的个数占比为最大，江西、山西、陕西、辽宁、吉林、山东这 6 个省均以良好的个数占比为最大；除四川以一般的个数占比为最小外，其余 12 个省均以较差的个数占比为最小。特别的是，浙江、江西、湖南、山西、陕西、辽宁这 6 个省各自较差的个数均为 0。

表 4.12　　户主健康状况的分省域样本分布统计结果

省域	较差		一般		良好	
	样本/个	比率/%	样本/个	比率/%	样本/个	比率/%
江苏	32	3.25	724	73.50	229	23.25
浙江	0	0	748	75.18	247	24.82
江西	0	0	494	49.95	495	50.05
湖南	0	0	502	51.07	481	48.93
广东	3	0.30	692	70.11	292	29.59
山西	0	0	347	35.26	637	64.74
陕西	0	0	414	41.82	576	58.18
辽宁	0	0	469	47.57	517	52.43
吉林	52	5.22	339	34.00	606	60.78
黑龙江	268	27.10	386	39.03	335	33.87
山东	102	10.32	388	39.27	498	50.41
河南	232	23.44	487	49.19	271	27.37
四川	374	38.16	299	30.51	307	31.33

(4) 户主养殖年数。样本统计结果见表4.3与表4.4。样本的取值区间为1～43，均值为10.65，标准差为7.40。1～9年的有6420个，占比为49.99%；10～19年的有4856个，占比为37.81%；20～29年的有1263个，占比为9.83%；30年及以上的有304个，占比为2.37%。样本基本以1～9年与10～19年这两种类型为主体。

分规模样本统计结果见表4.5与表4.13。分规模样本均值区间为10～14；除超大规模的均值大于11.00外，其余3类养殖规模的均值均小于11.00；超大规模的均值(13.19)为最大，大规模的均值(10.31)为最小。除超大规模以10～19年的个数占比为最大外，其余3类养殖规模均以1～9年的个数占比为最大；各类养殖规模均以30年及以上的个数占比为最小。

表4.13　　户主养殖年数的分规模样本分布统计结果

养殖规模	1～9年		10～19年		20～29年		30年及以上	
	样本/个	比率/%	样本/个	比率/%	样本/个	比率/%	样本/个	比率/%
小规模	1998	50.74	1491	37.86	354	8.99	95	2.41
中规模	2177	51.66	1546	36.69	391	9.28	100	2.37
大规模	1778	52.49	1230	36.32	300	8.86	79	2.33
超大规模	467	35.81	589	45.17	218	16.72	30	2.30

分省域样本统计结果见表4.6与表4.14。分省域样本均值区间为9～12；除了江苏与河南这两个省的均值均大于11.00，山东的均值小于10.00，其余10个省的均值均大于10.00且小于11.00；江苏的均值(11.84)为最大，山东的均值(9.71)为最小。除江苏以10～19年的个数占比为最大外，其余12个省均以1～9年的个数占比为最大；各省均以30年及以上的个数占比为最小。

表4.14　　户主养殖年数的分省域样本分布统计结果

省域	1～9年		10～19年		20～29年		30年及以上	
	样本/个	比率/%	样本/个	比率/%	样本/个	比率/%	样本/个	比率/%
江苏	328	33.30	507	51.47	130	13.20	20	2.03
浙江	464	46.63	402	40.40	102	10.25	27	2.72
江西	436	44.08	426	43.07	104	10.52	23	2.33
湖南	519	52.80	363	36.93	77	7.83	24	2.44
广东	549	55.62	283	28.67	121	12.26	34	3.45
山西	480	48.78	376	38.21	102	10.37	26	2.64
陕西	500	50.50	382	38.59	89	8.99	19	1.92
辽宁	520	52.74	328	33.27	107	10.85	31	3.14
吉林	531	53.26	351	35.20	93	9.33	22	2.21
黑龙江	588	59.45	290	29.32	86	8.70	25	2.53
山东	538	54.45	360	36.44	76	7.69	14	1.42
河南	468	47.27	412	41.62	94	9.49	16	1.62
四川	499	50.92	376	38.37	82	8.37	23	2.34

（5）户主培训经历。样本统计结果如表 4.3 与表 4.4。样本的取值区间为 0～1，均值为 0.56，标准差为 0.50。无培训经历的有 5675 个，占比为 44.19%；有培训经历的有 7168 个，占比为 55.81%。样本基本以有培训经历这种类型为主体。

分规模样本统计结果见表 4.5 与表 4.15。分规模样本均值区间为 0.5～0.6；小规模与超大规模这两类养殖规模的均值（0.59）同为最大，中规模与大规模这两类养殖规模的均值（0.54）同为最小。各类养殖规模有培训经历的个数占比均大于无培训经历的个数占比。

表 4.15　户主培训经历的分规模样本分布统计结果

养殖规模	否		是	
	样本/个	比率/%	样本/个	比率/%
小规模	1615	41.01	2323	58.99
中规模	1950	46.27	2264	53.73
大规模	1573	46.44	1814	53.56
超大规模	537	41.18	767	58.82

分省域样本统计结果见表 4.6 与表 4.16。分省域样本均值区间为 0～1；江苏与浙江这两个省域的均值（0.96）同为最大，山西的均值（0.09）为最小。除山西、辽宁、黑龙江、山东、四川这 5 个省无培训经历的个数占比均大于有培训经历的个数占比外，其余 8 个省有培训经历的个数占比均大于无培训经历的个数占比。

表 4.16　户主培训经历的分省域样本分布统计结果

省域	否		是	
	样本/个	比率/%	样本/个	比率/%
江苏	35	3.55	950	96.45
浙江	44	4.42	951	95.58
江西	109	11.02	880	88.98
湖南	288	29.30	695	70.70
广东	436	44.17	551	55.83
山西	892	90.65	92	9.35
陕西	326	32.93	664	67.07
辽宁	579	58.72	407	41.28
吉林	259	25.98	738	74.02
黑龙江	690	69.77	299	30.23
山东	792	80.16	196	19.84
河南	363	36.67	627	63.33
四川	862	87.96	118	12.04

（6）家庭兼业状况。样本统计结果见表 4.3 与表 4.4。样本的取值区间为 0～1，均值为 0.48，标准差为 0.50。无兼业的有 6641 个，占比为 51.71%；有兼业的有 6202 个，占比为 48.29%。样本基本以无兼业这种类型为主体。

分规模样本统计结果如表4.5与表4.17。分规模样本均值区间为0.4～0.5；中规模与大规模这两类养殖规模的均值（0.49）同为最大，超大规模的均值（0.45）为最小。各类养殖规模无兼业的个数占比均大于有兼业的个数占比。

表4.17　家庭兼业状况的分规模样本分布统计结果

养殖规模	否		是	
	样本/个	比率/%	样本/个	比率/%
小规模	2069	52.54	1869	47.46
中规模	2144	50.88	2070	49.12
大规模	1716	50.66	1671	49.34
超大规模	712	54.60	592	45.40

分省域样本统计结果见表4.6与表4.18。分省域样本均值区间为0.3～0.7；江苏的均值（0.68）为最大，吉林与河南这两个省的均值（0.32）同为最小。江苏、湖南、广东、辽宁、黑龙江、山东这6个省有兼业的个数占比均大于无兼业的个数占比，浙江、江西、山西、陕西、吉林、河南、四川这7个省无兼业的个数占比均大于有兼业的个数占比。

表4.18　家庭兼业状况的分省域样本分布统计结果

省域	否		是	
	样本/个	比率/%	样本/个	比率/%
江苏	317	32.18	668	67.82
浙江	614	61.71	381	38.29
江西	499	50.46	490	49.54
湖南	477	48.52	506	51.48
广东	421	42.65	566	57.35
山西	630	64.02	354	35.98
陕西	521	52.63	469	47.37
辽宁	367	37.22	619	62.78
吉林	679	68.10	318	31.90
黑龙江	422	42.67	567	57.33
山东	446	45.14	542	54.86
河南	670	67.68	320	32.32
四川	578	58.98	402	41.02

（7）交通便利性。样本统计结果见表4.3与表4.4。样本的取值区间为1～5，均值为3.43，标准差为1.22。很差的有858个，占比为6.68%；较差的有2297个，占比为17.89%；一般的有3361个，占比为26.17%；较好的有3153个，占比为24.55%；很好的有3174个，占比为24.71%。样本基本以一般、较好、很好这3种类型为主体。

分规模样本统计结果见表4.5与表4.19。分规模样本均值区间为3～4；超大规模的均值（3.61）为最大，小规模的均值（3.26）为最小。小规模与中规模这两类养殖规模均以一般的个数占比为最大，大规模与超大规模这两类养殖规模均以很好的个数占比为最大；各类养殖规模均以很差的个数占比为最小。

表 4.19　交通便利性的分规模样本分布统计结果

养殖规模	很差		较差		一般		较好		很好	
	样本/个	比率/%	样本/个	比率/%	样本/个	比率/%	样本/个	比率/%	样本/个	比率/%
小规模	328	8.33	824	20.92	1087	27.60	893	22.68	806	20.47
中规模	268	6.36	728	17.27	1082	25.68	1078	25.58	1058	25.11
大规模	199	5.87	548	16.18	865	25.54	862	25.45	913	26.96
超大规模	63	4.83	197	15.11	327	25.08	320	24.54	397	30.44

分省域样本统计结果如表 4.6 与表 4.20。分省域样本均值区间为 2～5；辽宁、吉林、黑龙江、山东、河南这 5 个省的均值均大于 4.00，江苏、浙江、江西、湖南、广东这 5 个省的均值均小于 3.00，山西、陕西、四川这 3 个省的均值均大于 3.00 且小于 4.00；山东的均值（4.42）为最大，浙江的均值（2.40）为最小。浙江与湖南这两个省均以较差的个数占比为最大；江苏、江西、广东、山西这 4 个省均以一般的个数占比为最大；吉林与黑龙江这两个省均以较好的个数占比为最大；陕西、辽宁、山东、河南这 4 个省均以很好的个数占比为最大；四川这 1 个省较好与很好的个数相等，相应的个数占比也同为最大。山西、陕西、吉林、黑龙江、河南这 5 个省均以很差的个数占比为最小，辽宁、山东、四川这 3 个省均以较差的个数占比为最小，江苏、浙江、江西、湖南、广东这 5 个省均以很好的个数占比为最小。

表 4.20　交通便利性的分省域样本分布统计结果

省域	很差		较差		一般		较好		很好	
	样本/个	比率/%	样本/个	比率/%	样本/个	比率/%	样本/个	比率/%	样本/个	比率/%
江苏	86	8.73	355	36.04	425	43.15	111	11.27	8	0.81
浙江	125	12.56	431	43.32	362	36.38	68	6.83	9	0.91
江西	73	7.38	377	38.12	421	42.57	108	10.92	10	1.01
湖南	124	12.61	374	38.05	368	37.44	89	9.05	28	2.85
广东	83	8.41	259	26.24	427	43.26	144	14.59	74	7.50
山西	46	4.68	110	11.18	390	39.63	322	32.72	116	11.79
陕西	101	10.20	126	12.73	140	14.14	256	25.86	367	37.07
辽宁	23	2.33	11	1.12	87	8.82	398	40.37	467	47.36
吉林	8	0.80	35	3.51	199	19.96	396	39.72	359	36.01
黑龙江	15	1.51	37	3.74	116	11.73	447	45.20	374	37.82
山东	18	1.82	16	1.62	69	6.98	313	31.68	572	57.90
河南	27	2.72	47	4.75	157	15.86	235	23.74	524	52.93
四川	129	13.17	119	12.14	200	20.41	266	27.14	266	27.14

（8）加入产业化组织状况。样本统计结果见表4.3与表4.4。样本的取值区间为0～1，均值为0.66，标准差为0.47。未加入的有4363个，占比为33.97%；已加入的有8480个，占比为66.03%。样本基本以已加入这种类型为主体。

分规模样本统计结果如表4.5与表4.21。分规模样本均值区间为0.6～0.7；小规模的均值（0.67）为最大，超大规模的均值（0.62）为最小。各类养殖规模已加入的个数占比均大于未加入的个数占比。

表4.21　　加入产业化组织状况的分规模样本分布统计结果

养殖规模	否		是	
	样本/个	比率/%	样本/个	比率/%
小规模	1315	33.39	2623	66.61
中规模	1416	33.60	2798	66.40
大规模	1142	33.72	2245	66.28
超大规模	490	37.58	814	62.42

分省域样本统计结果见表4.6与表4.22。分省域样本均值区间为0.4～0.9；江苏的均值（0.89）为最大，浙江的均值（0.43）为最小。除浙江与山西这两个省未加入的个数占比均大于已加入的个数占比外，其余11个省已加入的个数占比均大于未加入的个数占比。

表4.22　　加入产业化组织状况的分省域样本分布统计结果

省　域	否		是	
	样本/个	比率/%	样本/个	比率/%
江苏	111	11.27	874	88.73
浙江	569	57.19	426	42.81
江西	214	21.64	775	78.36
湖南	404	41.10	579	58.90
广东	143	14.49	844	85.51
山西	548	55.69	436	44.31
陕西	260	26.26	730	73.74
辽宁	453	45.94	533	54.06
吉林	377	37.81	620	62.19
黑龙江	188	19.01	801	80.99
山东	416	42.11	572	57.89
河南	450	45.45	540	54.55
四川	230	23.47	750	76.53

（9）获取土地的难易程度。样本统计结果见表4.3与表4.4。样本的取值区间为1～3，均值为2.04，标准差为0.68。较难的有2701个，占比为21.03%；一般的有6867个，占比为53.47%；容易的有3275个，占比为25.50%。样本基本以一般这种类型为主体。

分规模样本统计结果如表 4.5 与表 4.23。分规模样本均值区间为 2～3；中规模的均值（2.07）为最大，小规模的均值（2.01）为最小。各类养殖规模均以一般的个数占比为最大，较难的个数占比为最小。

表 4.23　获取土地的难易程度的分规模样本分布统计结果

养殖规模	较难		一般		容易	
	样本/个	比率/%	样本/个	比率/%	样本/个	比率/%
小规模	1021	25.93	1841	46.75	1076	27.32
中规模	803	19.05	2326	55.20	1085	25.75
大规模	618	18.25	1937	57.19	832	24.56
超大规模	259	19.86	763	58.51	282	21.63

分省域样本统计结果见表 4.6 与表 4.24。分省域样本均值区间为 1～3；除江苏与浙江这两个省的均值均小于 2.00 外，其余 11 个省的均值均大于 2.00；山东的均值（2.38）为最大，浙江的均值（1.39）为最小。除了江苏与浙江这两个省均以较难的个数占比为最大，江西以容易的个数占比为最大，其余 10 个省均以一般的个数占比为最大；除江苏与浙江这两个省均以一般的个数占比为最小外，其余 11 个省均以较难的个数占比为最小。

表 4.24　获取土地的难易程度的分省域样本分布统计结果

省域	较难		一般		容易	
	样本/个	比率/%	样本/个	比率/%	样本/个	比率/%
江苏	678	68.83	8	0.81	299	30.36
浙江	800	80.40	2	0.20	193	19.40
江西	192	19.41	331	33.47	466	47.12
湖南	123	12.51	698	71.01	162	16.48
广东	138	13.98	564	57.14	285	28.88
山西	230	23.37	456	46.34	298	30.29
陕西	35	3.53	817	82.53	138	13.94
辽宁	63	6.39	750	76.06	173	17.55
吉林	31	3.11	870	87.26	96	9.63
黑龙江	38	3.84	816	82.51	135	13.65
山东	74	7.49	464	46.96	450	45.55
河南	47	4.75	648	65.45	295	29.80
四川	252	25.72	443	45.20	285	29.08

（10）户主质量安全意识。样本统计结果见表 4.3 与表 4.4。样本的取值区间为 1～5，均值为 3.94，标准差为 0.91。没有影响的有 88 个，占比为 0.69%；影响较小的有 735 个，占比为 5.72%；影响一般的有 2980 个，占比为 23.20%；影响较大的有 5116 个，占比为 39.84%；影响很大的有 3924 个，占比为 30.55%。样本基本以影响一般、影响较大、影响很大这 3 种类型为主体。

分规模样本统计结果见表4.5与表4.25。分规模样本均值区间为3～4；除大规模的均值为4.00外，其余3类养殖规模的均值均小于4.00；大规模的均值（4.00）为最大，小规模的均值（3.87）为最小。各类养殖规模均以影响较大的个数占比为最大，没有影响的个数占比为最小。

表4.25　户主质量安全意识的分规模样本分布统计结果

养殖规模	没有影响		影响较小		影响一般		影响较大		影响很大	
	样本/个	比率/%	样本/个	比率/%	样本/个	比率/%	样本/个	比率/%	样本/个	比率/%
小规模	28	0.71	272	6.91	1011	25.67	1496	37.99	1131	28.72
中规模	25	0.59	232	5.51	944	22.40	1665	39.51	1348	31.99
大规模	18	0.53	158	4.66	712	21.02	1416	41.81	1083	31.98
超大规模	17	1.30	73	5.60	313	24.00	539	41.34	362	27.76

分省域样本统计结果见表4.6与表4.26。分省域样本均值区间为3～5；除湖南、广东、山西、陕西、黑龙江这5个省的均值均大于4.00外，其余8个省的均值均小于4.00；湖南与广东这两个省的均值（4.50）同为最大，浙江的均值（3.36）为最小。浙江、吉林、山东这3个省均以影响一般的个数占比为最大，江苏、江西、陕西、辽宁、河南、四川这6个省均以影响较大的个数占比为最大，湖南、广东、山西、黑龙江这4个省均以影响很大的个数占比为最大；除广东这1省没有影响与影响较小的个数相等，相应的个数占比也同为最小外，其余12个省均以没有影响的个数占比为最小。特别的是，湖南这1省没有影响的个数为0。

表4.26　户主质量安全意识的分省域样本分布统计结果

省域	没有影响		影响较小		影响一般		影响较大		影响很大	
	样本/个	比率/%	样本/个	比率/%	样本/个	比率/%	样本/个	比率/%	样本/个	比率/%
江苏	14	1.42	79	8.02	344	34.92	400	40.61	148	15.03
浙江	10	1.00	140	14.07	428	43.02	318	31.96	99	9.95
江西	3	0.30	68	6.88	215	21.74	429	43.38	274	27.70
湖南	0	0	11	1.12	74	7.52	311	31.64	587	59.72
广东	3	0.30	3	0.30	38	3.85	399	40.43	544	55.12
山西	2	0.20	8	0.81	47	4.78	460	46.75	467	47.46
陕西	1	0.10	14	1.42	142	14.34	425	42.93	408	41.21
辽宁	8	0.81	82	8.32	280	28.40	334	33.87	282	28.60
吉林	16	1.60	100	10.03	366	36.71	357	35.81	158	15.85
黑龙江	9	0.91	42	4.25	204	20.63	328	33.16	406	41.05
山东	10	1.01	78	7.89	360	36.44	336	34.01	204	20.65
河南	6	0.60	57	5.76	227	22.93	513	51.82	187	18.89
四川	6	0.61	53	5.41	255	26.02	506	51.63	160	16.33

（11）户主环境保护意识。样本统计结果见表4.3与表4.4。样本的取值区间为1～5，均值为4.12，标准差为0.94。毫不严重的有84个，占比为0.65%；较不严重的有774个，占比为6.03%；有点严重的有2124个，占比为16.54%；比较严重的有4384个，占比为34.13%；非常严重的有5477个，占比为42.65%。样本基本以比较严重与非常严重这两种类型为主体。

分规模样本统计结果见表4.5与表4.27。分规模样本均值区间为4～5；超大规模的均值（4.20）为最大，小规模的均值（4.08）为最小。各类养殖规模均以非常严重的个数占比为最大，毫不严重的个数占比为最小。

表4.27　户主环境保护意识的分规模样本分布统计结果

养殖规模	毫不严重		较不严重		有点严重		比较严重		非常严重	
	样本/个	比率/%	样本/个	比率/%	样本/个	比率/%	样本/个	比率/%	样本/个	比率/%
小规模	19	0.48	304	7.72	698	17.72	1234	31.34	1683	42.74
中规模	33	0.79	226	5.36	702	16.66	1459	34.62	1794	42.57
大规模	23	0.68	178	5.25	552	16.30	1220	36.02	1414	41.75
超大规模	9	0.69	66	5.06	172	13.19	471	36.12	586	44.94

分省域样本统计结果见表4.6与表4.28。分省域样本均值区间为3～5；除江西、湖南、广东、四川这4个省的均值均小于4.00外，其余9个省域的均值均大于4.00；浙江的均值（4.61）为最大，江西的均值（3.20）为最小。除了江西以有点严重的个数占比为最大，湖南、广东、四川这3个省均以比较严重的个数占比为最大，其余9个省均以非常严重的个数占比为最大；各省均以毫不严重的个数占比为最小。特别的是，浙江、江西、湖南、广东、辽宁、吉林、黑龙江、山东、河南这9个省各自毫不严重的个数均为0。

表4.28　户主环境保护意识的分省域样本分布统计结果

省域	毫不严重		较不严重		有点严重		比较严重		非常严重	
	样本/个	比率/%	样本/个	比率/%	样本/个	比率/%	样本/个	比率/%	样本/个	比率/%
江苏	6	0.61	9	0.91	11	1.12	356	36.14	603	61.22
浙江	0	0	25	2.51	19	1.91	277	27.84	674	67.74
江西	0	0	269	27.20	392	39.64	193	19.51	135	13.65
湖南	0	0	81	8.24	198	20.14	462	47.00	242	24.62
广东	0	0	42	4.26	247	25.03	459	46.50	239	24.21
山西	7	0.71	51	5.18	93	9.45	385	39.13	448	45.53
陕西	3	0.31	40	4.04	281	28.38	218	22.02	448	45.25
辽宁	0	0	34	3.45	206	20.89	338	34.28	408	41.38
吉林	0	0	15	1.50	91	9.13	384	38.52	507	50.85
黑龙江	0	0	22	2.22	139	14.06	398	40.24	430	43.48

续表

省域	毫不严重		较不严重		有点严重		比较严重		非常严重	
	样本/个	比率/%	样本/个	比率/%	样本/个	比率/%	样本/个	比率/%	样本/个	比率/%
山东	0	0	16	1.62	107	10.83	230	23.28	635	64.27
河南	0	0	28	2.83	140	14.14	368	37.17	454	45.86
四川	68	6.94	142	14.49	200	20.41	316	32.24	254	25.92

(12)户主优质优价意识。样本统计结果见表4.3与表4.4。样本的取值区间为0~1，均值为0.79，标准差为0.41。无意识的有2675个，占比为20.83%；有意识的有10168个，占比为79.17%。样本基本以有意识这种类型为主体。

分规模样本统计结果见表4.5与表4.29。分规模样本均值区间为0.7~0.8；除小规模的均值为0.80外，其余3类养殖规模的均值均小于0.80；小规模的均值（0.80）为最大，超大规模的均值（0.78）为最小。各类养殖规模有意识的个数占比均大于无意识的个数占比。

表4.29　户主优质优价意识的分规模样本分布统计结果

养殖规模	否		是	
	样本/个	比率/%	样本/个	比率/%
小规模	782	19.86	3156	80.14
中规模	885	21.00	3329	79.00
大规模	726	21.43	2661	78.57
超大规模	282	21.63	1022	78.37

分省域样本统计结果见表4.6与表4.30。分省域样本均值区间为0.6~1；浙江的均值（0.92）为最大，广东的均值（0.61）为最小。各省有意识的个数占比均大于无意识的个数占比。

表4.30　户主优质优价意识的分省域样本分布统计结果

省　域	否		是	
	样本/个	比率/%	样本/个	比率/%
江苏	187	18.98	798	81.02
浙江	78	7.84	917	92.16
江西	140	14.16	849	85.84
湖南	316	32.15	667	67.85
广东	388	39.31	599	60.69
山西	203	20.63	781	79.37
陕西	134	13.54	856	86.46
辽宁	305	30.93	681	69.07
吉林	91	9.13	906	90.87
黑龙江	122	12.34	867	87.66

续表

省域	否		是	
	样本/个	比率/%	样本/个	比率/%
山东	240	24.29	748	75.71
河南	248	25.05	742	74.95
四川	223	22.76	757	77.24

4.3 生猪标准化规模养殖的实际情况

本书利用全国范围内的大样本分区域抽样调查数据，从养殖规模化、养殖标准化、单位标准化养殖规模 3 个方面说明生猪标准化规模养殖的实际情况。表 4.31 根据《非洲猪瘟疫病冲击下生猪规模化养殖调查问卷》（附录 A）与《生猪标准化养殖评价调查问卷》（附录 B）列示了系列变量的定义，表 4.32 与表 4.33 根据统计结果分别列示了系列变量的样本特征和样本分布，表 4.34 根据统计结果列示了系列变量的分省域样本均值。

表 4.31　生猪标准化规模养殖系列变量的定义

变量		定义
养殖规模化		①非洲猪瘟疫病暴发后，政府对生猪养殖产业进行了一系列的政策扶持，户主所在养殖户的年出栏头数；②非洲猪瘟疫病暴发后，政府对生猪养殖产业进行了一系列的政策扶持，户主所在养殖户的规模：小规模=1，中规模=2，大规模=3，超大规模=4
养殖标准化	品种优良化	品种来源清楚、检疫合格：否=0（分），是=1（分）
		品种性能良好：否=0（分），是=1（分）
	养殖设施化	选址布局科学合理：否=0（分），是=1（分）
		生产设施完善：否=0（分），是=1（分）
	生产规范化	制定并实施不同阶段生猪生产技术操作规程和管理制度：否=0（分），是=1（分）
		人员素质达标：否=0（分），是=1（分）
	防疫制度化	防疫设施完善：否=0（分），是=1（分）
		防疫体系健全：否=0（分），是=1（分）
	粪污无害化	环保设施完善，环境卫生达标：否=0（分），是=1（分）
		废弃物管理规范，病死猪实施无害化处理：否=0（分），是=1（分）

表 4.32　生猪标准化规模养殖系列变量的样本特征统计结果

变量		最大值	最小值	均值	标准差
养殖规模化		5910	50	533.55	749.52
养殖标准化		10	4	8.03	1.15
养殖标准化（分项）	品种优良化	2	1	1.80	0.40
	养殖设施化	2	0	1.69	0.53
	生产规范化	2	0	1.68	0.58
	防疫制度化	2	0	1.36	0.66
	粪污无害化	2	0	1.51	0.53

表 4.33　　生猪标准化规模养殖系列变量的样本分布统计结果

变量		类型	样本/个	比率/%
养殖规模化		小规模	3938	30.66
		中规模	4214	32.81
		大规模	3387	26.37
		超大规模	1304	10.16
养殖标准化		4分	14	0.11
		5分	186	1.45
		6分	967	7.53
		7分	2870	22.35
		8分	4164	32.42
		9分	3417	26.61
		10分	1225	9.53
养殖标准化（分项）	品种优良化	1分	2604	20.28
		2分	10239	79.72
	养殖设施化	0分	403	3.14
		1分	3233	25.17
		2分	9207	71.69
	生产规范化	0分	768	5.98
		1分	2532	19.71
		2分	9543	74.31
	防疫制度化	0分	1291	10.05
		1分	5662	44.09
		2分	5890	45.86
	粪污无害化	0分	223	1.74
		1分	5836	45.44
		2分	6784	52.82

表 4.34　　生猪标准化规模养殖系列变量的分省域样本均值统计结果

省域	养殖规模化	养殖标准化	养殖标准化（分项）				
			品种优良化	养殖设施化	生产规范化	防疫制度化	粪污无害化
江苏	519.74	7.96	1.79	1.95	1.87	0.78	1.57
浙江	399.79	7.64	1.87	1.73	1.84	0.68	1.51
江西	349.06	7.49	1.69	1.85	1.14	1.31	1.50
湖南	440.75	7.81	1.84	1.73	1.63	1.17	1.44
广东	599.49	8.31	1.59	1.96	1.72	1.51	1.52
山西	596.69	8.28	1.87	1.76	1.75	1.36	1.54

续表

省域	养殖规模化	养殖标准化	养殖标准化（分项）				
			品种优良化	养殖设施化	生产规范化	防疫制度化	粪污无害化
陕西	399.73	7.91	1.82	1.46	1.96	1.31	1.36
辽宁	667.34	8.44	1.86	1.96	1.63	1.41	1.58
吉林	649.52	8.26	1.87	1.73	1.23	1.78	1.64
黑龙江	525.49	8.11	1.87	1.42	1.61	1.72	1.49
山东	471.13	7.81	1.86	1.27	1.74	1.53	1.40
河南	826.38	8.61	1.71	1.87	1.96	1.45	1.62
四川	490.49	7.82	1.69	1.22	1.81	1.65	1.45

（1）养殖规模化。样本统计结果见表4.32与表4.33。样本的取值区间为50～5910，均值为533.55，标准差为749.52。小规模的有3938个，占比为30.66%；中规模的有4214个，占比为32.81%；大规模的有3387个，占比为26.37%；超大规模的有1304个，占比为10.16%。样本基本以小规模、中规模、大规模这3种类型为主体。

分规模样本均值统计结果见表4.35。小规模、中规模、大规模、超大规模这4类养殖规模的均值分别为84.40、269.80、703.30、2301.34。

表4.35　养殖规模化的分规模样本均值统计结果

项目	小规模	中规模	大规模	超大规模
均值	84.40	269.80	703.30	2301.34

分省域样本统计结果见表4.34与表4.36。分省域样本均值区间为349～827；浙江、江西、湖南、陕西、山东、四川这6个省的均值均处在中规模的区间（大于100.00且小于499.00）内，江苏、广东、山西、辽宁、吉林、黑龙江、河南这7个省的均值均处在大规模的区间内（大于500.00且小于999.00）；河南的均值（826.38）为最大，江西的均值（349.06）为最小。江苏、浙江、江西、湖南、山东、四川这6个省均以小规模的个数占比为最大，广东、山西、陕西、吉林、黑龙江这5个省均以中规模的个数占比为最大，辽宁与河南这2个省均以大规模的个数占比为最大；除河南以小规模的个数占比为最小外，其余12个省均以超大规模的个数占比为最小。

表4.36　养殖规模化的分省域样本分布统计结果

省域	小规模		中规模		大规模		超大规模	
	样本/个	比率/%	样本/个	比率/%	样本/个	比率/%	样本/个	比率/%
江苏	368	37.36	295	29.95	232	23.55	90	9.14
浙江	503	50.55	258	25.93	153	15.38	81	8.14
江西	497	50.25	267	27.00	182	18.40	43	4.35
湖南	365	37.13	329	33.47	219	22.28	70	7.12
广东	187	18.94	387	39.21	317	32.12	96	9.73

续表

省域	小规模		中规模		大规模		超大规模	
	样本/个	比率/%	样本/个	比率/%	样本/个	比率/%	样本/个	比率/%
山西	198	20.12	362	36.79	329	33.44	95	9.65
陕西	337	34.04	381	38.48	224	22.63	48	4.85
辽宁	149	15.11	309	31.34	385	39.05	143	14.50
吉林	245	24.57	307	30.79	264	26.48	181	18.16
黑龙江	252	25.48	345	34.88	288	29.12	104	10.52
山东	362	36.64	342	34.62	214	21.66	70	7.08
河南	110	11.11	320	32.32	360	36.37	200	20.20
四川	365	37.24	312	31.84	220	22.45	83	8.47

（2）养殖标准化。养殖标准化是指在畜禽养殖生产活动中，畜禽选育、饲料营养搭配、疫病防控、环境控制、废弃物处理等环节均按一定的技术标准操作（王欢、乔娟和李秉龙，2019）。养殖标准化能够推动技术进步、降低交易成本、提高产品质量、促进国际贸易，同时有助于畜禽粪污综合利用，减少环境污染（于康震，2015），还有利于增强养殖户的生物安全水平。在生猪养殖生产活动中，养殖标准化是指在种（仔）猪、饲料、用水、兽药、疫苗的来源与使用，防疫制度的执行，温度、空气的调节，外来人员、车辆的清洗与消毒，病死猪、粪污的无害化处理与资源化利用等方面符合国家、行业的标准与要求（王欢、乔娟和李秉龙，2019），具体而言，主要涉及品种优良化、养殖设施化、生产规范化、防疫制度化、粪污无害化5个方面。

本书根据《生猪规模养殖标准化评价细则》（附录C）对规模化生猪养殖户的养殖标准化进行评价打分。在《生猪标准化养殖评价调查问卷》（附录B）中，品种优良化、养殖设施化、生产规范化、防疫制度化、粪污无害化5个方面的得分区间均为0～2，得分加总即是养殖标准化得分，相应的区间为0～10。

样本特征统计结果见表4.32。样本取值区间为4～10，其中，品种优良化的取值区间为1～2，养殖设施化、生产规范化、防疫制度化、粪污无害化4个方面的取值区间均为0～2；样本均值为8.03，其中，品种优良化、养殖设施化、生产规范化、防疫制度化、粪污无害化5个方面的均值分别为1.80、1.69、1.68、1.36、1.51；样本标准差为1.15，其中，品种优良化、养殖设施化、生产规范化、防疫制度化、粪污无害化5个方面的标准差分别为0.40、0.53、0.58、0.66、0.53。

样本分布统计结果见表4.33。4分的有14个，占比为0.11%；5分的有186个，占比为1.45%；6分的有967个，占比为7.53%；7分的有2870个，占比为22.35%；8分的有4164个，占比为32.42%；9分的有3417个，占比为26.61%；10分的有1225个，占比为9.53%。样本基本以7分、8分、9分这3种类型为主体。品种优良化方面，1分的有2604个，占比为20.28%；2分的有10239个，占比为79.72%。样本基本以2分这种类型为主体。养殖设施化方面，0分的有403个，占比为3.14%；1分的有3233个，占比为25.17%；2分的有9207个，占比为71.69%。样本基本以2分这种类型为主体。

生产规范化方面，0 分的有 768 个，占比为 5.98%；1 分的有 2532 个，占比为 19.71%；2 分的有 9543 个，占比为 74.31%。样本基本以 2 分这种类型为主体。防疫制度化方面，0 分的有 1291 个，占比为 10.05%；1 分的有 5662 个，占比为 44.09%；2 分的有 5890 个，占比为 45.86%。样本基本以 1 分与 2 分这两种类型为主体。粪污无害化方面，0 分的有 223 个，占比为 1.74%；1 分的有 5836 个，占比为 45.44%；2 分的有 6784 个，占比为 52.82%。样本基本以 1 分与 2 分这两种类型为主体。

分规模样本均值统计结果见表 4.37。分规模样本均值区间为 6～10，超大规模的均值（9.89）为最大，小规模的均值（6.66）为最小。品种优良化方面，分规模样本均值区间为 1～2，超大规模的均值（1.99）为最大，小规模的均值（1.67）为最小。养殖设施化方面，分规模样本均值区间为 1～2，超大规模的均值（1.98）为最大，小规模的均值（1.44）为最小。生产规范化方面，分规模样本均值区间为 1～2，超大规模的均值（1.99）为最大，小规模的均值（1.38）为最小。防疫制度化方面，分规模样本均值区间为 0～2，除小规模的均值小于 1.00 外，其余 3 类养殖规模的均值均大于 1.00，其中超大规模的均值（1.97）为最大，小规模的均值（0.97）为最小。粪污无害化方面，分规模样本均值区间为 1～2，超大规模的均值（1.96）为最大，小规模的均值（1.21）为最小。

分规模样本分布统计结果见表 4.38。小规模、中规模、大规模、超大规模 4 类养殖规模分别以 7 分、8 分、9 分、10 分的个数占比为最大。小规模这类养殖规模，9 分与 10 分的个数同为 0，相应的个数占比也同为最小；中规模这类养殖规模，4 分、5 分、6 分、10 分的个数同为 0，相应的个数占比也同为最小；大规模这类养殖规模，4 分、5 分、6 分、7 分的个数同为 0，相应的个数占比也同为最小；超大规模这类养殖规模，4 分、5 分、6 分、7 分、8 分的个数同为 0，相应的个数占比也同为最小。

表 4.37　养殖标准化的分规模样本均值统计结果

养殖规模	养殖标准化	养殖标准化				
		品种优良化	养殖设施化	生产规范化	防疫制度化	粪污无害化
小规模	6.66	1.67	1.44	1.38	0.97	1.21
中规模	7.98	1.79	1.70	1.71	1.30	1.48
大规模	8.98	1.88	1.84	1.89	1.64	1.73
超大规模	9.89	1.99	1.98	1.99	1.97	1.96

表 4.38　养殖标准化的分规模样本分布统计结果

养殖规模	4 分		5 分		6 分		7 分		8 分		9 分		10 分	
	样本/个	比率/%	样本/个	比率/%	样本/个	比率/%	样本/个	比率/%	样本/个	比率/%	样本/个	比率/%	样本/个	比率/%
小规模	14	0.36	186	4.72	967	24.56	2713	68.89	58	1.47	0	0	0	0
中规模	0	0	0	0	0	0	157	3.72	3993	94.76	64	1.52	0	0
大规模	0	0	0	0	0	0	0	0	113	3.34	3215	94.92	59	1.74
超大规模	0	0	0	0	0	0	0	0	0	0	138	10.58	1166	89.42

分省域样本均值统计结果见表4.34。分省域样本均值区间为7～9；广东、山西、辽宁、吉林、黑龙江、河南这6个省的均值均大于8.00，江苏、浙江、江西、湖南、陕西、山东、四川这7个省的均值均小于8.00；河南的均值（8.61）为最大，江西的均值（7.49）为最小。品种优良化，分省域样本均值区间为1～2；浙江、山西、吉林、黑龙江这4个省的均值（1.87）同为最大，广东的均值（1.59）为最小。养殖设施化，分省域样本均值区间为1～2；广东与辽宁这2个省的均值（1.96）同为最大，四川的均值（1.22）为最小。生产规范化，分省域样本均值区间为1～2；陕西与河南这2个省的均值（1.96）同为最大，江西的均值（1.14）为最小。防疫制度化，分省域样本均值区间为0～2；除江苏与浙江这2个省的均值均小于1.00外，其余11个省的均值均大于1.00；吉林的均值（1.78）为最大，浙江的均值（0.68）为最小。粪污无害化，分省域样本均值区间为1～2；吉林的均值（1.64）为最大，陕西的均值（1.36）为最小。

分省域样本分布统计结果见表4.39。除了浙江以7分的个数占比为最大，辽宁与河南这2个省均以9分的占比为最大，其余10个省均以8分的占比为最大；除广东这1个省4分与5分的个数相等，相应的个数占比也同为最小外，其余12个省均以4分的个数占比为最小。特别的是，江苏、广东、山西、陕西、辽宁、黑龙江、山东、河南、四川这9个省4分的个数均为0，广东这1个省5分的个数为0。

表4.39 养殖标准化的分省域样本分布统计结果

养殖规模	4分		5分		6分		7分		8分		9分		10分	
	样本/个	比率/%	样本/个	比率/%	样本/个	比率/%	样本/个	比率/%	样本/个	比率/%	样本/个	比率/%	样本/个	比率/%
江苏	0	0	7	0.71	74	7.51	287	29.14	295	29.95	224	22.74	98	9.95
浙江	2	0.20	25	2.51	126	12.66	346	34.78	266	26.73	141	14.17	89	8.95
江西	4	0.40	46	4.65	172	17.39	268	27.10	279	28.21	178	18.00	42	4.25
湖南	7	0.71	25	2.55	94	9.56	238	24.21	330	33.57	231	23.50	58	5.90
广东	0	0	0	0	20	2.03	166	16.82	383	38.80	322	32.62	96	9.73
山西	0	0	4	0.40	43	4.37	145	14.73	366	37.20	330	33.54	96	9.76
陕西	0	0	3	0.30	49	4.95	299	30.20	375	37.88	215	21.72	49	4.95
辽宁	0	0	8	0.81	27	2.74	122	12.37	313	31.75	395	40.06	121	12.27
吉林	1	0.10	12	1.20	62	6.22	185	18.56	303	30.39	260	26.08	174	17.45
黑龙江	0	0	9	0.91	73	7.38	188	19.01	341	34.48	286	28.92	92	9.30
山东	0	0	21	2.13	104	10.53	264	26.72	317	32.09	221	22.37	61	6.16
河南	0	0	1	0.10	17	1.72	103	10.40	309	31.21	377	38.08	183	18.49
四川	0	0	25	2.55	106	10.82	259	26.43	287	29.29	237	24.18	66	6.73

（3）单位标准化养殖规模。用规模化养殖户的生猪年出栏头数除以养殖标准化得分，即为单位标准化养殖规模，它用来衡量每单位养殖标准化得分所要求的养殖规模化水平。经计算，样本均值为59.10。分规模样本均值统计结果见表4.40，小规模、中规模、大规

模、超大规模这 4 类养殖规模的均值分别为 12.67、33.76、78.24、231.48。分省域样本均值统计结果见表 4.41，分省域样本均值区间为 40～89；河南的均值（88.40）为最大，江西的均值（40.40）为最小。

表 4.40　单位标准化养殖规模的分规模样本均值统计结果

项目	小规模	中规模	大规模	超大规模
均值	12.67	33.76	78.24	231.48

表 4.41　单位标准化养殖规模的分省域样本均值统计结果

项目	江苏	浙江	江西	湖南	广东	山西	陕西
均值	57.50	45.11	40.40	49.97	65.87	66.05	45.64
项目	辽宁	吉林	黑龙江	山东	河南	四川	
均值	72.62	70.12	58.37	53.17	88.40	55.00	

4.4　生猪规模化养殖行为决策的实际情况

本书利用全国范围内的大样本分区域抽样调查数据，从疫病风险认知和资金短缺状况这两个方面说明生猪规模化养殖行为决策的实际情况。表 4.42 根据《非洲猪瘟疫病冲击下生猪规模化养殖调查问卷》（附录 A）列示了系列变量的定义，表 4.43 与表 4.44 根据统计结果分别列示了系列变量的样本特征和样本分布，表 4.45 与表 4.46 根据统计结果分别列示了系列变量的分规模样本均值和分省域样本均值。

表 4.42　生猪规模化养殖行为决策系列变量的定义

变　量	定　义
疫病风险认知	非洲猪瘟疫病暴发后，政府对生猪养殖产业进行了一系列的政策扶持，户主认为补栏是否仍有风险：是=0，否=1
资金短缺状况	非洲猪瘟疫病暴发后，政府对生猪养殖产业进行了一系列的政策扶持，户主是否仍因资金短缺而无力补栏：是=0，否=1

表 4.43　生猪规模化养殖行为决策系列变量的样本特征统计结果

变　量	最大值	最小值	均值	标准差
疫病风险认知	1	0	0.95	0.23
资金短缺状况	1	0	0.63	0.48

表 4.44　生猪规模化养殖行为决策系列变量的样本分布统计结果

变　量	类型	样本/个	比率/%
疫病风险认知	是	695	5.41
	否	12148	94.59
资金短缺状况	是	4720	36.75
	否	8123	63.25

表 4.45 生猪规模化养殖行为决策系列变量的分规模样本均值统计结果

养殖规模	疫病风险认知	资金短缺状况	养殖规模	疫病风险认知	资金短缺状况
小规模	0.94	0.71	大规模	0.95	0.66
中规模	0.94	0.68	超大规模	0.96	0.17

表 4.46 生猪规模化养殖行为决策系列变量的分省域样本均值统计结果

省域	疫病风险认知	资金短缺状况	省域	疫病风险认知	资金短缺状况
江苏	0.94	0.71	辽宁	0.94	0.69
浙江	0.91	0.76	吉林	0.94	0.75
江西	0.91	0.81	黑龙江	0.99	0.65
湖南	0.91	0.84	山东	0.95	0.40
广东	0.99	0.48	河南	0.99	0.27
山西	0.96	0.50	四川	0.96	0.61
陕西	0.92	0.75			

（1）疫病风险认知。样本统计结果见表 4.43 与表 4.44。样本的取值区间为 0～1，均值为 0.95，标准差为 0.23。认为有风险的有 695 个，占比为 5.41%；认为无风险的有 12148 个，占比为 94.59%。样本基本以认为无风险这种类型为主体。

分规模样本统计结果见表 4.45 与表 4.47。分规模样本均值区间为 0.9～1；超大规模的均值（0.96）为最大，小规模与中规模这两类养殖规模的均值（0.94）同为最小。各类养殖规模认为无风险的个数占比均大于认为有风险的个数占比。

表 4.47 疫病风险认知的分规模样本分布统计结果

养殖规模	是		否	
	样本/个	比率/%	样本/个	比率/%
小规模	245	6.22	3693	93.78
中规模	246	5.84	3968	94.16
大规模	154	4.55	3233	95.45
超大规模	50	3.83	1254	96.17

分省域样本统计结果见表 4.46 与表 4.48。分省域样本均值区间为 0.9～1；广东、黑龙江、河南这 3 个省的均值（0.99）同为最大，浙江、江西、湖南这 3 个省的均值（0.91）同为最小。各省认为无风险的个数占比均大于认为有风险的个数占比。

表 4.48 疫病风险认知的分省域样本分布统计结果

省域	是		否	
	样本/个	比率/%	样本/个	比率/%
江苏	64	6.50	921	93.50
浙江	88	8.84	907	91.16

续表

省域	是		否	
	样本/个	比率/%	样本/个	比率/%
江西	88	8.90	901	91.10
湖南	92	9.36	891	90.64
广东	10	1.01	977	98.99
山西	43	4.37	941	95.63
陕西	83	8.38	907	91.62
辽宁	60	6.09	926	93.91
吉林	57	5.72	940	94.28
黑龙江	14	1.42	975	98.58
山东	50	5.06	938	94.94
河南	11	1.11	979	98.89
四川	35	3.57	945	96.43

(2) 资金短缺状况。样本统计结果如表 4.43 与表 4.44。样本的取值区间为 0～1，均值为 0.63，标准差为 0.48。短缺的有 4720 个，占比为 36.75%；不短缺的有 8123 个，占比为 63.25%。样本基本以不短缺这种类型为主体。

分规模样本统计结果见表 4.45 与表 4.49。分规模样本均值区间为 0.1～0.8；小规模的均值大于 0.70，超大规模的均值小于 0.20，中规模与大规模这两类养殖规模的均值均大于 0.60 且小于 0.70。小规模的均值（0.71）为最大，超大规模的均值（0.17）为最小。除超大规模短缺的个数占比大于不短缺的个数占比外，其余 3 类养殖规模不短缺的个数占比均大于短缺的个数占比。

表 4.49　资金短缺状况的分规模样本分布统计结果

养殖规模	是		否	
	样本/个	比率/%	样本/个	比率/%
小规模	1127	28.62	2811	71.38
中规模	1351	32.06	2863	67.94
大规模	1163	34.34	2224	65.66
超大规模	1079	82.75	225	17.25

分省域样本统计结果见表 4.46 与表 4.50。分省域样本均值区间为 0.2～0.9；湖南的均值（0.84）为最大，河南的均值（0.27）为最小。除广东、山西、山东、河南这 4 个省短缺的个数占比大于不短缺的个数占比外，其余 9 个省不短缺的个数占比均大于短缺的个数占比。

表 4.50　　资金短缺状况的分省域样本分布统计结果

省域	是		否	
	样本/个	比率/%	样本/个	比率/%
江苏	283	28.73	702	71.27
浙江	238	23.92	757	76.08
江西	190	19.21	799	80.79
湖南	154	15.67	829	84.33
广东	512	51.87	475	48.13
山西	495	50.30	489	49.70
陕西	250	25.25	740	74.75
辽宁	305	30.93	681	69.07
吉林	247	24.77	750	75.23
黑龙江	343	34.68	646	65.32
山东	589	59.62	399	40.38
河南	727	73.43	263	26.57
四川	387	39.49	593	60.51
合计	4720	36.75	8123	63.25

4.5 生猪规模化养殖政策扶持的实际情况

非洲猪瘟疫病暴发一年之后，2019 年 8 月 21 日，国务院总理李克强主持召开国务院常务会议，确定了 5 项促进生猪养殖生产和保障猪肉市场供给的扶持政策：①综合施策恢复生猪生产，加快非洲猪瘟强制扑杀补助发放，采取多种措施加大对生猪调出大县和养殖场（户）的支持，引导有效增加生猪存栏量，将仔猪及冷鲜猪肉运输纳入“绿色通道”政策范围，降低物流成本；②地方要立即取消超出法律法规的生猪禁养、限养规定，对依法划定的禁养区内关停搬迁的养殖场（户），要安排用地支持异地重建；③发展规模养殖，支持农户养猪，取消生猪生产附属设施用地 15 亩上限；④加强动物防疫体系建设，提升疫病防控能力；⑤保障猪肉供应，增加地方猪肉储备，各地要适时启动社会救助和保障标准与物价上涨挂钩联动机制，确保困难群众基本生活。

之后的较短时期内，国务院及其各部委便密集发布了一系列的相关扶持政策。

2019 年 8 月 31 日，交通运输部、农业农村部联合发布《关于对仔猪及冷鲜猪肉恢复执行鲜活农产品运输“绿色通道”政策的通知》（公交办路明电〔2019〕77 号），明确自 2019 年 9 月 1 日起，对整车合法运输仔猪及冷鲜猪肉的车辆，恢复执行鲜活农产品运输“绿色通道”政策，并指出在 2019 年 9 月 1 日至 2020 年 6 月 30 日期间，对整车合法运输种猪及冷冻猪肉的车辆，免收车辆通行费。

2019 年 9 月 4 日，财政部、农业农村部联合发布《关于支持做好稳定生猪生产保障市场供应有关工作的通知》（财办农〔2019〕69 号），要求切实落实好非洲猪瘟强制扑杀补助政策，完善种猪场、规模猪场临时贷款贴息政策，加大生猪调出大县奖励力度，提高生猪保险保额，支持实施生猪良种补贴等政策，强化省级财政统筹力度。

2019年9月4日，自然资源部办公厅发布《关于保障生猪养殖用地有关问题的通知》（自然资电发〔2019〕39号），明确要落实和完善用地政策，为稳定生猪生产切实提供用地保障。①生猪养殖用地作为设施农用地，按农用地管理，不需办理建设用地审批手续，在不占用永久基本农田的前提下，合理安排用地空间，允许生猪养殖用地使用一般耕地，作为养殖用途不需耕地占补平衡；②生猪养殖圈舍、场区内通道及绿化隔离带等生产设施用地，根据养殖规模确定用地规模，增加附属设施用地规模，取消15亩上限规定，保障生猪养殖生产的废弃物处理等设施用地需要；③鼓励利用荒山、荒沟、荒丘、荒滩和农村集体建设用地及原有养殖设施用地进行生猪养殖生产，各地可进一步制定鼓励支持政策。

2019年9月5日，农业农村部办公厅发布《关于加大农机购置补贴力度支持生猪生产发展的通知》（农办机〔2019〕11号），就优化农机购置补贴机具种类范围，支持生猪养殖场（户）购置自动饲喂、环境控制、疫病防控、废弃物处理等农机装备作出部署，要求优化补贴范围，实行应补尽补；加快试验鉴定，增加机具供给；深入摸底调查，全面梳理需求。

2019年9月6日，中国银保监会、农业农村部联合发布《关于支持做好稳定生猪生产保障市场供应有关工作的通知》（财办农〔2019〕69号），要求加大信贷支持力度，创新产品服务模式，拓宽抵质押品范围，完善生猪政策性保险政策，推进保险资金深化支农支小融资试点，强化政策协调。

2019年9月7日，国家发展和改革委员会办公厅、农业农村部办公厅联合发布《关于做好稳定生猪生产中央预算内投资安排工作的通知》（发改办农经〔2019〕899号），要点有二：①扩大畜禽粪污资源化利用整县推进项目实施范围，即在畜牧大县畜禽粪污资源化利用整县推进基础上，2020年以生猪规模化养殖场为重点，择优选择100个生猪存栏量10万头以上的非畜牧大县开展畜禽粪污资源化利用整县推进，重点支持粪污收集、贮存、处理、利用设施建设；②实施生猪规模化养殖场建设补助项目，即中央预算内投资对2020年年底前新建、改扩建种猪场、规模猪场（户），禁养区内规模养猪场（户）异地重建等给予一次性补助，主要支持生猪规模化养殖场和种猪场建设动物防疫、粪污处理、养殖环境控制、自动饲喂等基础设施建设。

2019年9月10日，国务院办公厅发布《关于稳定生猪生产促进转型升级的意见》（国办发〔2019〕44号），内容涵盖5大项共20条措施，主要围绕以下要点：猪肉自给率保持在95%左右；首次提出“省负总责”；种猪场和规模养猪场（户）贷款贴息政策期限延长至2020年12月31日；2020年6月30日前，对整车合法运输种猪及冷冻猪肉的车辆，免收车辆通行费；生猪养殖用地取消15亩上限。

现实中，一些中央和省级层面的扶持政策仅仅选择性地针对超大规模与大规模养殖户，并不能惠及中小规模养殖户；同时，各类规模化养殖户有可能受到市、县级层面的政策扶持。因此，本书为全面、准确地揭示扶持政策的实际效应，广泛搜集散布在各地落实的市、县级层面的各种扶持政策，并与中央和省级层面的扶持政策一起归纳汇总，提炼并确立了13项具体化的生猪规模化养殖扶持政策（表4.51），同时在功能上将其划分为直接作用于生产的扶持政策与间接作用于生产的扶持政策两类以供实证考察。

表 4.51　生猪规模化养殖扶持政策

政策类型	政策内容
直接扶持政策	生猪规模化养殖场建设补助
	生猪生产农机购置补贴
	生猪良种补贴
	非洲猪瘟强制扑杀补助
间接扶持政策	提高能繁母猪、育肥猪保险保额
	对生猪规模化养殖场的流动资金贷款或建设资金贷款给予贴息补助
	提供土地经营权、养殖圈舍、大型养殖机械、生猪活体等抵押贷款
	对仔猪及冷鲜猪肉运输执行“绿色通道”政策，免收车辆通行费
	实施畜禽粪污资源化利用整县推进项目
	生猪养殖用地按农用地管理，允许使用一般耕地
	取消非法生猪禁限养规定
	取消生猪生产附属设施用地 15 亩上限
	禁养区整改调整政策支持

本书利用全国范围内的大样本分区域抽样调查数据，从直接扶持政策和间接扶持政策这两个方面说明生猪规模化养殖政策扶持的实际情况。表 4.52 根据《非洲猪瘟疫病冲击下生猪规模化养殖调查问卷》（附录 A）列示了系列变量的定义，表 4.53 与表 4.54 根据统计结果分别列示了系列变量的样本特征和样本分布，表 4.55 与表 4.56 根据统计结果分别列示了系列变量的分规模样本均值和分省域样本均值。

表 4.52　生猪规模化养殖政策扶持系列变量的定义

变量	定义
直接扶持政策	非洲猪瘟疫病暴发后，户主所在的养殖户实际受到来自政府直接扶持政策的项数（力度）
间接扶持政策	非洲猪瘟疫病暴发后，户主所在的养殖户实际受到来自政府间接扶持政策的项数（力度）

表 4.53　生猪规模化养殖政策扶持系列变量的样本特征统计结果

变量	最大值	最小值	均值	标准差
直接扶持政策	4	0	1.53	1.17
间接扶持政策	9	0	2.64	1.67

表 4.54　生猪规模化养殖政策扶持系列变量的样本分布统计结果

变量	类型	样本/个	比率/%
直接扶持政策	0 项	2719	21.17
	1 项	4105	31.96
	2 项	3448	26.85
	3 项	1654	12.88
	4 项	917	7.14

续表

变 量	类型	样本/个	比率/%
间接扶持政策	0 项	975	7.59
	1 项	2719	21.17
	2 项	2880	22.43
	3 项	2480	19.31
	4 项	1987	15.47
	5 项	1125	8.76
	6 项	446	3.47
	7 项	143	1.11
	8 项	74	0.58
	9 项	14	0.11

表 4.55　生猪规模化养殖政策扶持系列变量的分规模样本均值统计结果

养殖规模	直接扶持政策	间接扶持政策	养殖规模	直接扶持政策	间接扶持政策
小规模	1.49	2.50	大规模	1.56	2.58
中规模	1.52	2.56	超大规模	1.60	3.46

表 4.56　生猪规模化养殖政策扶持系列变量的分省域样本均值统计结果

省域	直接扶持政策	间接扶持政策	省域	直接扶持政策	间接扶持政策
江苏	1.38	2.91	辽宁	1.59	2.35
浙江	1.48	2.59	吉林	1.69	2.87
江西	1.36	1.93	黑龙江	1.37	2.56
湖南	1.60	2.61	山东	1.42	2.51
广东	1.69	2.55	河南	1.73	3.09
山西	1.45	2.81	四川	1.49	2.95
陕西	1.61	2.56			

（1）直接扶持政策。样本统计结果见表 4.53 与表 4.54。样本的取值区间为 0～4，均值为 1.53，标准差为 1.17。0 项的有 2719 个，占比为 21.17%；1 项的有 4105 个，占比为 31.96%；2 项的有 3448 个，占比为 26.85%；3 项的有 1654 个，占比为 12.88%；4 项的有 917 个，占比为 7.14%。样本基本以 0 项、1 项、2 项这 3 种类型为主体。

分规模样本统计结果见表 4.55 与表 4.57。分规模样本均值区间为 1～2；超大规模的均值（1.60）为最大，小规模的均值（1.49）为最小。各类养殖规模均以 1 项的个数占比为最大，4 项的个数占比为最小。

分省域样本统计结果见表 4.56 与表 4.58。分省域样本均值区间为 1～2，河南的均值（1.73）为最大，江西的均值（1.36）为最小。除湖南、广东、吉林这 3 个省均以 2 项的个数占比为最大外，其余 10 个省均以 1 项的个数占比为最大；除广东与吉林这 2 个省均以 3 项的个数占比为最小外，其余 11 个省均以 4 项的个数占比为最小。

表 4.57　　直接扶持政策的分规模样本分布统计结果

养殖规模	0项		1项		2项		3项		4项	
	样本/个	比率/%	样本/个	比率/%	样本/个	比率/%	样本/个	比率/%	样本/个	比率/%
小规模	871	22.12	1290	32.76	1019	25.88	492	12.49	266	6.75
中规模	881	20.91	1406	33.36	1099	26.08	522	12.39	306	7.26
大规模	721	21.29	1000	29.53	958	28.28	462	13.64	246	7.26
超大规模	246	18.86	409	31.37	372	28.53	178	13.65	99	7.59

表 4.58　　直接扶持政策的分省域样本分布统计结果

省域	0项		1项		2项		3项		4项	
	样本/个	比率/%	样本/个	比率/%	样本/个	比率/%	样本/个	比率/%	样本/个	比率/%
江苏	267	27.11	308	31.27	252	25.58	83	8.43	75	7.61
浙江	188	18.89	386	38.79	248	24.93	102	10.25	71	7.14
江西	240	24.27	336	33.97	261	26.39	117	11.83	35	3.54
湖南	221	22.48	253	25.74	292	29.70	137	13.94	80	8.14
广东	205	20.77	264	26.75	277	28.07	117	11.85	124	12.56
山西	220	22.36	333	33.84	240	24.39	146	14.84	45	4.57
陕西	197	19.90	307	31.01	254	25.66	148	14.95	84	8.48
辽宁	190	19.27	296	30.02	289	29.31	148	15.01	63	6.39
吉林	205	20.56	261	26.18	292	29.29	115	11.53	124	12.44
黑龙江	243	24.57	328	33.16	261	26.39	122	12.34	35	3.54
山东	238	24.09	308	31.17	273	27.63	131	13.26	38	3.85
河南	133	13.43	340	34.34	274	27.68	143	14.45	100	10.10
四川	172	17.55	385	39.28	235	23.98	145	14.80	43	4.39

（2）间接扶持政策。样本统计结果见表 4.53 与表 4.54。样本的取值区间为 0～9，均值为 2.64，标准差为 1.67。0 项的有 975 个，占比为 7.59%；1 项的有 2719 个，占比为 21.17%；2 项的有 2880 个，占比为 22.43%；3 项的有 2480 个，占比为 19.31%；4 项的有 1987 个，占比为 15.47%；5 项的有 1125 个，占比为 8.76%；6 项的有 446 个，占比为 3.47%；7 项的有 143 个，占比为 1.11%；8 项的有 74 个，占比为 0.58%；9 项的有 14 个，占比为 0.11%。样本基本以 1 项、2 项、3 项、4 项这 4 种类型为主体。

分规模样本统计结果见表 4.55 与表 4.59。分规模样本均值区间为 2～4；除超大规模的均值大于 3.00 外，其余 3 类养殖规模的均值均小于 3.00；超大规模的均值（3.46）为最大，小规模的均值（2.50）为最小。各类养殖规模均以 2 项的个数占比为最大；除超大规模以 9 项的个数占比为最小外，其余 3 类养殖规模 8 项与 9 项的个数均相等，相应的个数占比也均同为最小。特别的是，小规模、中规模、大规模这 3 类养殖规模 8 项与 9 项的个数均同为 0。

表 4.59　　间接扶持政策的分规模样本分布统计结果

养殖规模	0项		1项		2项		3项		4项		5项		6项		7项		8项		9项	
	样本/个	比率/%	样本/个	比率/%	样本/个	比率/%	样本/个	比率/%	样本/个	比率/%	样本/个	比率/%	样本/个	比率/%	样本/个	比率/%	样本/个	比率/%	样本/个	比率/%
小规模	358	9.09	868	22.04	883	22.42	711	18.05	648	16.46	348	8.84	100	2.54	22	0.56	0	0	0	0
中规模	360	8.54	903	21.43	922	21.88	821	19.48	673	15.97	362	8.59	153	3.63	20	0.48	0	0	0	0
大规模	246	7.26	720	21.26	782	23.09	708	20.90	485	14.32	296	8.74	132	3.90	18	0.53	0	0	0	0
超大规模	11	0.84	228	17.48	293	22.47	240	18.40	181	13.88	119	9.13	61	4.68	83	6.37	74	5.68	14	1.07

分省域样本统计结果见表 4.56 与表 4.60。分省域样本均值区间为 1～4；除了河南的均值大于 3.00，江西的均值小于 2.00，其余 11 个省的均值均大于 2.00 且小于 3.00；河南的均值（3.09）为最大，江西的均值（1.93）为最小。江西、广东、山东、河南这 4 个省均以 1 项的个数占比为最大，辽宁、吉林、黑龙江这 3 个省均以 2 项的占比为最大，浙江、湖南、山西、陕西这 4 个省均以 3 项的占比为最大，江苏与四川这 2 个省均以 4 项的占比为最大。浙江以 7 项的个数占比为最小；江西与湖南这 2 个省 6 项与 9 项的个数均相等，相应的个数占比也均同为最小；陕西这 1 省 8 项与 9 项的个数相等，相应的个数占比也同为最小；其余 9 个省均以 9 项的个数占比为最小。特别的是，山东这 1 省 9 项的个数为 0，江西与湖南这 2 个省 6 项与 9 项的个数均同为 0。

表 4.60　　间接扶持政策的分省域样本分布统计结果

省域	0项		1项		2项		3项		4项		5项		6项		7项		8项		9项	
	样本/个	比率/%	样本/个	比率/%	样本/个	比率/%	样本/个	比率/%	样本/个	比率/%	样本/个	比率/%	样本/个	比率/%	样本/个	比率/%	样本/个	比率/%	样本/个	比率/%
江苏	119	12.08	111	11.27	163	16.55	165	16.75	251	25.48	145	14.72	17	1.73	5	0.51	8	0.81	1	0.10
浙江	61	6.13	204	20.50	209	21.01	236	23.72	201	20.20	73	7.34	3	0.31	2	0.20	3	0.30	3	0.30
江西	84	8.49	344	34.78	287	29.02	146	14.76	109	11.02	11	1.11	0	0	3	0.30	5	0.51	0	0
湖南	65	6.61	173	17.60	215	21.87	244	24.82	223	22.69	54	5.49	0	0	2	0.21	7	0.71	0	0
广东	34	3.45	257	26.04	233	23.61	185	18.74	174	17.63	90	9.12	8	0.81	2	0.20	3	0.30	1	0.10
山西	94	9.56	142	14.43	199	20.23	223	22.66	155	15.75	124	12.60	26	2.64	8	0.81	12	1.22	1	0.10
陕西	59	5.96	210	21.21	211	21.31	278	28.08	113	11.42	100	10.10	15	1.52	2	0.20	1	0.10	1	0.10
辽宁	55	5.58	257	26.06	280	28.40	231	23.43	80	8.11	42	4.26	21	2.13	12	1.22	5	0.51	3	0.30
吉林	45	4.51	214	21.46	227	22.77	191	19.16	124	12.44	86	8.63	85	8.53	18	1.80	6	0.60	1	0.10
黑龙江	78	7.89	238	24.07	248	25.08	180	18.20	84	8.49	72	7.28	66	6.67	18	1.82	4	0.40	1	0.10
山东	93	9.41	248	25.10	247	25.00	113	11.44	133	13.46	80	8.10	56	5.67	12	1.21	6	0.61	0	0
河南	60	6.06	188	18.99	183	18.48	165	16.67	152	15.35	106	10.71	92	9.29	35	3.54	8	0.81	1	0.10
四川	128	13.06	133	13.57	178	18.17	123	12.55	188	19.18	142	14.49	57	5.82	24	2.45	6	0.61	1	0.10

4.6 生猪规模化养殖扶持政策接受程度的实际情况

本书利用全国范围内的大样本分区域抽样调查数据，从直接扶持政策接受程度、间接扶持政策接受程度、价值取向水平、社会信心水平、透明程度评价、公平程度评价这 6 个方面说明生猪规模化养殖扶持政策接受程度的实际情况。表 4.61 根据《非洲猪瘟疫病冲击下生猪规模化养殖调查问卷》（附录 A）列示了系列变量的定义，表 4.62 与表 4.63 根据统计结果分别列示了系列变量的样本特征和样本分布，表 4.64 与表 4.65 根据统计结果分别列示了系列变量的分规模样本均值和分省域样本均值。

表 4.61　　生猪规模化养殖扶持政策接受程度系列变量的定义

变　量	定　义
直接扶持政策接受程度	非洲猪瘟疫病暴发后，在实际受到来自政府的直接扶持政策之前，户主的接受程度：不能接受=1，很难接受=2，勉强接受=3，比较接受=4，十分接受=5
间接扶持政策接受程度	非洲猪瘟疫病暴发后，在实际受到来自政府的间接扶持政策之前，户主的接受程度：不能接受=1，很难接受=2，勉强接受=3，比较接受=4，十分接受=5
价值取向水平	户主认为的政府对生猪养殖产业所应有的作为：自由放任=1，轻微调控=2，一般干预=3，强化管制=4，计划统筹=5
社会信心水平	户主对有利于生猪养殖产业健康发展的社会系统正常运转的信心：毫无信心=1，较无信心=2，有点信心=3，较有信心=4，很有信心=5
透明程度评价	户主认为的政府以往的生猪规模化养殖扶持政策的透明程度：很不透明=1，较不透明=2，不太清楚=3，比较透明=4，非常透明=5
公平程度评价	户主认为的政府以往的生猪规模化养殖扶持政策的公平程度：很不公平=1，较不公平=2，不太清楚=3，比较公平=4，非常公平=5

表 4.62　　生猪规模化养殖扶持政策接受程度系列变量的样本特征统计结果

变　量	最大值	最小值	均值	标准差
直接扶持政策接受程度	5	1	4.33	0.81
间接扶持政策接受程度	5	1	3.83	1.00
价值取向水平	5	1	3.00	1.10
社会信心水平	5	1	3.19	1.14
透明程度评价	5	1	3.66	1.04
公平程度评价	5	1	3.93	1.05

表 4.63　　生猪规模化养殖扶持政策接受程度系列变量的样本分布统计结果

变　量	类型	样本/个	比率/%
直接扶持政策接受程度	不能接受	117	0.91
	很难接受	314	2.44
	勉强接受	1136	8.85
	比较接受	4866	37.89
	十分接受	6410	49.91

续表

变　量	类型	样本/个	比率/%
间接扶持政策接受程度	不能接受	422	3.28
	很难接受	714	5.56
	勉强接受	3003	23.38
	比较接受	5174	40.29
	十分接受	3530	27.49
价值取向水平	自由放任	826	6.43
	轻微调控	3735	29.08
	一般干预	4356	33.92
	强化管制	2440	19.00
	计划统筹	1486	11.57
社会信心水平	毫无信心	926	7.21
	较无信心	2782	21.66
	有点信心	3850	29.98
	较有信心	3437	26.76
	很有信心	1848	14.39
透明程度评价	很不透明	543	4.23
	较不透明	964	7.50
	不太清楚	3692	28.75
	比较透明	4754	37.02
	非常透明	2890	22.50
公平程度评价	很不公平	563	4.39
	较不公平	816	6.35
	不太清楚	1698	13.22
	比较公平	5602	43.62
	非常公平	4164	32.42

表 4.64　生猪规模化养殖扶持政策接受程度系列变量的分规模样本均值统计结果

养殖规模	直接扶持政策接受程度	间接扶持政策接受程度	价值取向水平	社会信任水平	透明程度评价	公平程度评价
小规模	4.34	3.85	2.91	3.22	3.72	3.95
中规模	4.34	3.84	3.04	3.21	3.65	3.92
大规模	4.31	3.82	3.02	3.17	3.61	3.92
超大规模	4.36	3.78	3.12	3.14	3.63	3.96

表 4.65　生猪规模化养殖扶持政策接受程度系列变量的分省域样本均值统计结果

省域	直接扶持政策接受程度	间接扶持政策接受程度	价值取向水平	社会信任水平	透明程度评价	公平程度评价
江苏	4.63	3.89	2.62	3.44	3.80	3.90
浙江	4.43	3.63	2.41	3.21	3.75	4.26
江西	4.35	4.05	2.45	3.14	4.19	4.01
湖南	4.09	4.03	2.82	3.24	3.25	3.98
广东	4.02	3.74	3.02	3.35	3.38	4.31
山西	4.35	3.76	4.13	3.10	3.28	3.48
陕西	4.10	3.98	2.98	3.21	3.75	3.07
辽宁	4.50	3.58	2.98	3.17	4.17	3.92
吉林	4.40	3.88	3.82	3.07	3.82	4.26
黑龙江	4.46	3.80	2.63	3.14	3.76	4.33
山东	4.37	3.67	2.57	3.13	3.54	3.46
河南	4.35	3.80	3.09	3.20	3.35	3.84
四川	4.30	3.99	3.50	3.14	3.56	4.32

(1) 直接扶持政策接受程度。样本统计结果见表 4.62 与表 4.63。样本的取值区间为 1～5，均值为 4.33，标准差为 0.81。不能接受的有 117 个，占比为 0.91%；很难接受的有 314 个，占比为 2.44%；勉强接受的有 1136 个，占比为 8.85%；比较接受的有 4866 个，占比为 37.89%；十分接受的有 6410 个，占比为 49.91%。样本基本以比较接受与十分接受这两种类型为主体。

分规模样本统计结果见表 4.64 与表 4.66。分规模样本均值区间为 4～5；超大规模的均值（4.36）为最大，大规模的均值（4.31）为最小。各类养殖规模均以十分接受的个数占比为最大，不能接受的个数占比为最小。

表 4.66　直接扶持政策接受程度的分规模样本分布统计结果

养殖规模	不能接受		很难接受		勉强接受		比较接受		十分接受	
	样本/个	比率/%	样本/个	比率/%	样本/个	比率/%	样本/个	比率/%	样本/个	比率/%
小规模	41	1.04	104	2.64	329	8.36	1452	36.87	2012	51.09
中规模	37	0.88	100	2.37	379	8.99	1596	37.88	2102	49.88
大规模	30	0.89	82	2.42	323	9.53	1312	38.74	1640	48.42
超大规模	9	0.69	28	2.15	105	8.05	506	38.80	656	50.31

分省域样本统计结果如表 4.65 与表 4.67。分省域样本均值区间为 4～5；江苏的均值（4.63）为最大，广东的均值（4.02）为最小。除广东以比较接受的个数占比为最大外，其余 12 个省均以十分接受的个数占比为最大；除江苏以很难接受的个数占比为最小外，其余 12 个省均以不能接受的个数占比为最小。

表 4.67 直接扶持政策接受程度的分省域样本分布统计结果

省域	不能接受		很难接受		勉强接受		比较接受		十分接受	
	样本/个	比率/%	样本/个	比率/%	样本/个	比率/%	样本/个	比率/%	样本/个	比率/%
江苏	10	1.02	9	0.91	58	5.89	184	18.68	724	73.50
浙江	12	1.21	15	1.51	28	2.81	420	42.21	520	52.26
江西	11	1.11	23	2.33	71	7.18	389	39.33	495	50.05
湖南	6	0.61	37	3.77	203	20.65	354	36.01	383	38.96
广东	8	0.81	49	4.96	165	16.72	457	46.30	308	31.21
山西	10	1.01	23	2.34	67	6.81	392	39.84	492	50.00
陕西	7	0.71	36	3.64	202	20.40	348	35.15	397	40.10
辽宁	6	0.61	11	1.12	52	5.27	330	33.47	587	59.53
吉林	10	1.00	22	2.21	37	3.71	419	42.03	509	51.05
黑龙江	7	0.71	16	1.62	42	4.25	373	37.71	551	55.71
山东	10	1.01	20	2.02	53	5.37	420	42.51	485	49.09
河南	13	1.31	25	2.53	53	5.35	415	41.92	484	48.89
四川	7	0.71	28	2.86	105	10.71	365	37.25	475	48.47

（2）间接扶持政策接受程度。样本统计结果见表 4.62 与表 4.63。样本的取值区间为 1～5，均值为 3.83，标准差为 1.00。不能接受的有 422 个，占比为 3.28%；很难接受的有 714 个，占比为 5.56%；勉强接受的有 3003 个，占比为 23.38%；比较接受的有 5174 个，占比为 40.29%；十分接受的有 3530 个，占比为 27.49%。样本基本以勉强接受、比较接受、十分接受这 3 种类型为主体。

分规模样本统计结果见表 4.64 与表 4.68。分规模样本均值区间为 3～4；小规模的均值（3.85）为最大，超大规模的均值（3.78）为最小。各类养殖规模均以比较接受的个数占比为最大，不能接受的个数占比为最小。

表 4.68 间接扶持政策接受程度的分规模样本分布统计结果

养殖规模	不能接受		很难接受		勉强接受		比较接受		十分接受	
	样本/个	比率/%	样本/个	比率/%	样本/个	比率/%	样本/个	比率/%	样本/个	比率/%
小规模	114	2.90	212	5.38	877	22.27	1680	42.66	1055	26.79
中规模	139	3.30	225	5.34	997	23.66	1677	39.80	1176	27.90
大规模	120	3.54	186	5.49	807	23.83	1337	39.47	937	27.66
超大规模	49	3.76	91	6.98	322	24.69	480	36.81	362	27.77

分省域样本统计结果见表 4.65 与表 4.69。分省域样本均值区间为 3～5；除江西与湖南这 2 个省的均值均大于 4.00 外，其余 11 个省的均值均小于 4.00；江西的均值（4.05）为最大，辽宁的均值（3.58）为最小。各省均以比较接受的个数占比为最大；除陕西与四

川这 2 个省均以很难接受的个数占比为最小外，其余 11 个省均以不能接受的个数占比为最小。

表 4.69　间接扶持政策接受程度的分省域样本分布统计结果

省域	不能接受		很难接受		勉强接受		比较接受		十分接受	
	样本/个	比率/%	样本/个	比率/%	样本/个	比率/%	样本/个	比率/%	样本/个	比率/%
江苏	23	2.34	29	2.94	256	25.99	398	40.41	279	28.32
浙江	33	3.32	103	10.35	277	27.84	366	36.78	216	21.71
江西	21	2.12	27	2.73	180	18.20	410	41.46	351	35.49
湖南	25	2.54	46	4.68	147	14.95	420	42.73	345	35.10
广东	64	6.49	76	7.70	183	18.54	397	40.22	267	27.05
山西	33	3.35	54	5.49	273	27.74	378	38.42	246	25.00
陕西	20	2.02	17	1.72	202	20.40	479	48.38	272	27.48
辽宁	29	2.94	102	10.34	317	32.15	349	35.40	189	19.17
吉林	28	2.81	51	5.11	258	25.88	336	33.70	324	32.50
黑龙江	43	4.35	72	7.28	203	20.52	392	39.64	279	28.21
山东	53	5.36	68	6.88	251	25.41	394	39.88	222	22.47
河南	32	3.23	52	5.25	275	27.78	351	35.46	280	28.28
四川	18	1.84	17	1.73	181	18.47	504	51.43	260	26.53

（3）价值取向水平。样本统计结果见表 4.62 与表 4.63。样本的取值区间为 1～5，均值为 3.00，标准差为 1.10。自由放任的有 826 个，占比为 6.43%；轻微调控的有 3735 个，占比为 29.08%；一般干预的有 4356 个，占比为 33.92%；强化管制的有 2440 个，占比为 19.00%；计划统筹的有 1486 个，占比为 11.57%。样本基本以轻微调控与一般干预这两种类型为主体。

分规模样本统计结果见表 4.64 与表 4.70。分规模样本均值区间为 2～4；除小规模的均值小于 3.00 外，其余 3 类养殖规模的均值均大于 3.00；超大规模的均值（3.12）为最大，小规模的均值（2.91）为最小。各类养殖规模均以一般干预的个数占比为最大，自由放任的个数占比为最小。

表 4.70　价值取向水平的分规模样本分布统计结果

养殖规模	自由放任		轻微调控		一般干预		强化管制		计划统筹	
	样本/个	比率/%	样本/个	比率/%	样本/个	比率/%	样本/个	比率/%	样本/个	比率/%
小规模	263	6.68	1271	32.28	1384	35.14	607	15.41	413	10.49
中规模	261	6.19	1179	27.98	1430	33.93	830	19.70	514	12.20
大规模	227	6.70	923	27.25	1168	34.49	688	20.31	381	11.25
超大规模	75	5.75	362	27.76	374	28.68	315	24.16	178	13.65

分省域样本统计结果见表 4.65 与表 4.71。分省域样本均值区间为 2～5；除了山西的均值大于 4.00，广东、吉林、河南、四川这 4 个省的均值均大于 3.00 且小于 4.00，其余 8 个省的均值均小于 3.00；山西的均值（4.13）为最大，浙江的均值（2.41）为最小。江苏与黑龙江这 2 个省均以轻微调控的个数占比为最大，浙江、江西、湖南、广东、陕西、山东这 6 个省均以一般干预的个数占比为最大，山西、辽宁、吉林、河南、四川这 5 个省均以强化管制的个数占比为最大。吉林、河南、四川这 3 个省均以自由放任的个数占比为最小；山西这 1 个省以轻微调控的个数占比为最小；江苏、湖南、黑龙江、山东这 4 个省均以强化管制的个数占比为最小；浙江、广东、陕西、辽宁这 4 个省均以计划统筹的个数占比为最小；江西这 1 个省强化管制与计划统筹的个数相等，相应的个数占比也同为最小。特别的是，浙江这 1 个省计划统筹的个数为 0，江西这 1 个省强化管制与计划统筹的个数同为 0。

表 4.71　价值取向水平的分省域样本分布统计结果

省域	自由放任		轻微调控		一般干预		强化管制		计划统筹	
	样本/个	比率/%	样本/个	比率/%	样本/个	比率/%	样本/个	比率/%	样本/个	比率/%
江苏	62	6.30	421	42.74	396	40.20	42	4.26	64	6.50
浙江	85	8.54	417	41.91	491	49.35	2	0.20	0	0
江西	53	5.36	440	44.49	496	50.15	0	0	0	0
湖南	73	7.43	301	30.62	455	46.29	36	3.66	118	12.00
广东	81	8.21	156	15.81	471	47.72	222	22.49	57	5.77
山西	26	2.64	18	1.83	74	7.52	546	55.49	320	32.52
陕西	95	9.60	245	24.75	322	32.52	238	24.04	90	9.09
辽宁	45	4.56	314	31.85	265	26.88	340	34.48	22	2.23
吉林	24	2.41	195	19.56	55	5.51	386	38.72	337	33.80
黑龙江	69	6.98	430	43.48	373	37.71	31	3.13	86	8.70
山东	59	5.97	413	41.80	456	46.15	15	1.52	45	4.56
河南	54	5.45	269	27.17	284	28.69	295	29.80	88	8.89
四川	100	10.20	116	11.84	218	22.24	287	29.29	259	26.43

（4）社会信心水平。样本统计结果见表 4.62 与表 4.63。样本的取值区间为 1～5，均值为 3.19，标准差为 1.14。毫无信心的有 926 个，占比为 7.21%；较无信心的有 2782 个，占比为 21.66%；有点信心的有 3850 个，占比为 29.98%；较有信心的有 3437 个，占比为 26.76%；很有信心的有 1848 个，占比为 14.39%。样本基本以较无信心、有点信心、较有信心这 3 种类型为主体。

分规模样本统计结果见表 4.64 与表 4.72。分规模样本均值区间为 3～4；小规模的均值（3.22）为最大，超大规模的均值（3.14）为最小。各类养殖规模均以有点信心的个数占比为最大，毫无信心的个数占比为最小。

表 4.72　　社会信心水平的分规模样本分布统计结果

养殖规模	毫无信心		较无信心		有点信心		较有信心		很有信心	
	样本/个	比率/%	样本/个	比率/%	样本/个	比率/%	样本/个	比率/%	样本/个	比率/%
小规模	275	6.98	823	20.90	1187	30.14	1078	27.38	575	14.60
中规模	306	7.26	863	20.48	1285	30.50	1167	27.69	593	14.07
大规模	250	7.38	764	22.56	1013	29.91	878	25.92	482	14.23
超大规模	95	7.29	332	25.46	365	27.99	314	24.08	198	15.18

分省域样本统计结果见表 4.65 与表 4.73。分省域样本均值区间为 3～4；江苏的均值（3.44）为最大，吉林的均值（3.07）为最小。除江苏、浙江、江西、广东这 4 个省均以较有信心的个数占比为最大外，其余 9 个省均以有点信心的个数占比为最大；各省均以毫无信心的个数占比为最小。

表 4.73　　社会信心水平的分省域样本分布统计结果

省域	毫无信心		较无信心		有点信心		较有信心		很有信心	
	样本/个	比率/%	样本/个	比率/%	样本/个	比率/%	样本/个	比率/%	样本/个	比率/%
江苏	56	5.69	181	18.38	220	22.33	330	33.50	198	20.10
浙江	86	8.64	208	20.91	268	26.93	280	28.14	153	15.38
江西	80	8.09	253	25.58	250	25.28	260	26.29	146	14.76
湖南	66	6.72	191	19.43	301	30.62	290	29.50	135	13.73
广东	52	5.27	154	15.60	316	32.02	326	33.03	139	14.08
山西	76	7.72	258	26.22	291	29.57	214	21.75	145	14.74
陕西	72	7.27	191	19.29	315	31.82	277	27.98	135	13.64
辽宁	54	5.48	221	22.41	332	33.67	260	26.37	119	12.07
吉林	90	9.03	260	26.08	285	28.59	215	21.56	147	14.74
黑龙江	89	9.00	218	22.04	298	30.13	238	24.07	146	14.76
山东	59	5.97	239	24.19	332	33.60	231	23.38	127	12.86
河南	78	7.88	193	19.49	308	31.11	274	27.68	137	13.84
四川	68	6.94	215	21.94	334	34.08	242	24.69	121	12.35

（5）透明程度评价。样本统计结果见表 4.62 与表 4.63。样本的取值区间为 1～5，均值为 3.66，标准差为 1.04。很不透明的有 543 个，占比为 4.23%；较不透明的有 964 个，占比为 7.50%；不太清楚的有 3692 个，占比为 28.75%；比较透明的有 4754 个，占比为 37.02%；非常透明的有 2890 个，占比为 22.50%。样本基本以不太清楚、比较透明、非常透明这 3 种类型为主体。

分规模样本统计结果见表 4.64 与表 4.74。分规模样本均值区间为 3～4；小规模的均值（3.72）为最大，大规模的均值（3.61）为最小。各类养殖规模均以比较透明的个数占比为最大，很不透明的个数占比为最小。

表 4.74　透明程度评价的分规模样本分布统计结果

养殖规模	很不透明		较不透明		不太清楚		比较透明		非常透明	
	样本/个	比率/%	样本/个	比率/%	样本/个	比率/%	样本/个	比率/%	样本/个	比率/%
小规模	165	4.19	246	6.24	1042	26.46	1544	39.21	941	23.90
中规模	176	4.18	326	7.73	1246	29.57	1527	36.24	939	22.28
大规模	153	4.52	296	8.74	998	29.46	1195	35.28	745	22.00
超大规模	49	3.76	96	7.36	406	31.14	488	37.42	265	20.32

分省域样本统计结果见表 4.65 与表 4.75。分省域样本均值区间为 3～5；除江西与辽宁这 2 个省的均值均大于 4.00 外，其余 11 个省的均值均小于 4.00；江西的均值（4.19）为最大，湖南的均值（3.25）为最小。湖南、广东、山西、山东、河南这 5 个省均以不太清楚的个数占比为最大，江苏、浙江、陕西、吉林、黑龙江、四川这 6 个省均以比较透明的个数占比为最大，江西与辽宁这 2 个省均以非常透明的个数占比为最大；除江西与辽宁这 2 个省均以较不透明的个数占比为最小外，其余 11 个省均以很不透明的个数占比为最小。

表 4.75　透明程度评价的分省域样本分布统计结果

省域	很不透明		较不透明		不太清楚		比较透明		非常透明	
	样本/个	比率/%	样本/个	比率/%	样本/个	比率/%	样本/个	比率/%	样本/个	比率/%
江苏	24	2.44	36	3.65	250	25.38	480	48.73	195	19.80
浙江	40	4.02	47	4.72	230	23.12	481	48.34	197	19.80
江西	17	1.72	12	1.21	159	16.08	381	38.52	420	42.47
湖南	53	5.39	141	14.35	424	43.13	242	24.62	123	12.51
广东	75	7.60	147	14.89	334	33.84	192	19.45	239	24.22
山西	77	7.82	114	11.59	361	36.69	322	32.72	110	11.18
陕西	40	4.04	56	5.66	219	22.12	474	47.88	201	20.30
辽宁	17	1.72	10	1.02	184	18.66	355	36.00	420	42.60
吉林	24	2.41	32	3.21	259	25.98	464	46.54	218	21.86
黑龙江	32	3.24	46	4.65	245	24.77	468	47.32	198	20.02
山东	35	3.54	89	9.01	372	37.65	290	29.35	202	20.45
河南	50	5.05	149	15.05	376	37.98	238	24.04	177	17.88
四川	59	6.02	85	8.67	279	28.47	367	37.45	190	19.39

（6）公平程度评价。样本统计结果见表 4.62 与表 4.63。样本的取值区间为 1～5，均值为 3.93，标准差为 1.05。很不公平的有 563 个，占比为 4.39%；较不公平的有 816 个，占比为 6.35%；不太清楚的有 1698 个，占比为 13.22%；比较公平的有 5602 个，占比为 43.62%；非常公平的有 4164 个，占比为 32.42%。样本基本以比较公平与非常公平这两种类型为主体。

分规模样本统计结果见表4.64与表4.76。分规模样本均值区间为3～4；超大规模的均值（3.96）为最大，中规模与大规模这两类养殖规模的均值（3.92）同为最小。各类养殖规模均以比较公平的个数占比为最大，很不公平的个数占比为最小。

表4.76　公平程度评价的分规模样本分布统计结果

养殖规模	很不公平		较不公平		不太清楚		比较公平		非常公平	
	样本/个	比率/%	样本/个	比率/%	样本/个	比率/%	样本/个	比率/%	样本/个	比率/%
小规模	180	4.57	249	6.32	498	12.65	1674	42.51	1337	33.95
中规模	195	4.63	267	6.33	576	13.67	1809	42.93	1367	32.44
大规模	148	4.37	226	6.67	447	13.20	1505	44.43	1061	31.33
超大规模	40	3.07	74	5.67	177	13.57	614	47.09	399	30.60

分省域样本统计结果见表4.65与表4.77。分省域样本均值区间为3～5；浙江、江西、广东、吉林、黑龙江、四川这6个省的均值均大于4.00，江苏、湖南、山西、陕西、辽宁、山东、河南这7个省的均值均小于4.00；黑龙江的均值（4.33）为最大，陕西的均值（3.07）为最小。除广东、黑龙江、四川这3个省均以非常公平的个数占比为最大外，其余10个省均以比较公平的个数占比为最大。江苏、江西、湖南、山西、山东、河南这6个省均以很不公平的个数占比为最小；浙江、辽宁、吉林、四川这4个省均以较不公平的个数占比为最小；陕西这1个省以非常公平的个数占比为最小；广东与黑龙江这2个省很不公平与较不公平的个数均相等，相应的个数占比也均同为最小。

表4.77　公平程度评价的分省域样本分布统计结果

省域	很不公平		较不公平		不太清楚		比较公平		非常公平	
	样本/个	比率/%	样本/个	比率/%	样本/个	比率/%	样本/个	比率/%	样本/个	比率/%
江苏	38	3.86	93	9.44	128	13.00	395	40.10	331	33.60
浙江	24	2.41	13	1.31	36	3.62	526	52.86	396	39.80
江西	12	1.21	36	3.64	139	14.06	550	55.61	252	25.48
湖南	15	1.52	33	3.36	187	19.02	472	48.02	276	28.08
广东	11	1.11	11	1.11	87	8.82	433	43.87	445	45.09
山西	92	9.35	143	14.53	190	19.31	319	32.42	240	24.39
陕西	138	13.94	172	17.37	258	26.06	322	32.53	100	10.10
辽宁	46	4.67	43	4.36	122	12.37	503	51.01	272	27.59
吉林	20	2.01	11	1.10	34	3.41	561	56.27	371	37.21
黑龙江	12	1.21	12	1.21	72	7.28	435	43.99	458	46.31
山东	101	10.22	149	15.08	193	19.54	289	29.25	256	25.91
河南	34	3.44	88	8.89	190	19.19	368	37.17	310	31.31
四川	20	2.04	12	1.22	62	6.33	429	43.78	457	46.63

第5章　重大疫病冲击下生猪规模化养殖的微观行为决策分析

在全国范围内对生猪养殖产业实施的力度较大的环境保护整治，一直存在着定位偏差、执行效力不高等问题，尤其是缺乏对养殖户行为的关注。生猪养殖户作为废弃物最直接的处置者，不免要减少甚至放弃必要的生产活动、牺牲潜在的经济机会、增加额外的交易成本，却难以经由市场机制的正常效率维持自身的合理收益。这是始于2018年8月的非洲猪瘟疫病冲击造成中国生猪产能阶段性下降的根本原因之一。促进规模化养殖是恢复生猪生产的重要途径，但现有的文献忽视了那些能够纳入微观主体主观判断的行为决策因素，进而无法阐明政策扶持对生猪规模化养殖的影响机制。由于宏观政策扶持依赖于微观行为决策发挥效力，剖析非洲猪瘟疫病冲击下规模化养殖户的疫病风险认知和资金短缺状况两大行为决策因素对生猪规模化养殖的影响，是后续验证政策扶持影响生猪规模化养殖的基础。

5.1　模型建构与变量说明

5.1.1　模型建构

本书采用有序多分类Logit模型，从疫病风险认知和资金短缺状况的角度考察非洲猪瘟疫病冲击下规模化养殖户的行为决策对生猪规模化养殖的影响。

首先，为检验规模化养殖户的疫病风险认知和资金短缺状况两大行为决策因素对生猪规模化养殖的影响，构建计量经济模型为

$$Q_i=\alpha_{10}+\alpha_{11}R_i+\alpha_{12}M_i+\sum\lambda_{1k}X_{ki}+\varphi_1 \tag{5.1}$$

式中：Q_i为第i个规模化养殖户的养殖规模化水平；R_i与M_i分别为第i个规模化养殖户的疫病风险认知和资金短缺状况；X_{ki}为第i个规模化养殖户的一组控制变量；α为待估参数；λ为参数向量；φ为随机扰动项。

其次，鉴于非洲猪瘟疫病态势下的规模化推进是经由标准化提升来实现的，为检验规模化养殖户的疫病风险认知和资金短缺状况两大行为决策因素对生猪标准化养殖的影响，构建计量经济模型为

$$S_i=\alpha_{20}+\alpha_{21}R_i+\alpha_{22}M_i+\sum\lambda_{2k}X_{ki}+\varphi_2 \tag{5.2}$$

式中：S_i为第i个规模化养殖户的养殖标准化程度。

最后，为进一步检验规模化养殖户的疫病风险认知和资金短缺状况两大行为决策因素是否经由生猪标准化养殖对生猪规模化养殖产生影响，构建计量经济模型为

$$Q_i = \alpha_{30} + \alpha_{31} S_i + \alpha_{32} R_i + \alpha_{33} M_i + \alpha_{34} S_i R_i + \alpha_{35} S_i M_i + \sum \lambda_{3k} X_{ki} + \varphi_3 \quad (5.3)$$

在式（5.1）与式（5.2）中，若回归系数 α_{11} 与 α_{21} 均显著，则在式（5.3）中设置交乘项 S_iR_i；若回归系数 α_{12} 与 α_{22} 均显著，则在式（5.3）中设置交乘项 S_iM_i。若回归系数 α_{11} 与 α_{32} 均显著为正，则假设 1 得到验证。若回归系数 α_{12} 与 α_{33} 均显著为正，则假设 2 得到验证。

5.1.2 变量说明

本书在调查问卷中设置相应的问题，对计量经济模型中的被解释变量与解释变量进行调查并赋值（表 5.1）。需要说明的是，养殖规模化是养殖标准化的基础，养殖标准化实际上决定了养殖规模化，因此在式（5.3）中将养殖标准化作为养殖规模化的解释变量加以考察。由于疫病风险认知和资金短缺状况两大行为决策因素逻辑上先于养殖规模化与养殖标准化出现，并且这一点在调查问卷中设置相应的问题时也给予了特别提示，故可以判断实证结果受内生性问题特别是双向因果偏误的干扰很小。

本书选取 11 个主要控制变量并对其赋值（表 5.1）。从现有的研究结果来看，年龄（李响等，2007；汤颖梅等，2013；唱晓阳，2019）、文化程度（周晶等，2014；唱晓阳，2019；张园园等，2019）、养殖年限（唱晓阳，2019）、家庭其他收入（杨子刚等，2011；汤颖梅等，2013）、交通条件（周晶等，2014；张园园等，2019）、用地状况（Rasmussen，2011；张玉梅等，2013；陈娅，2016）是生猪规模化养殖的 6 个重要影响因素。因此，将户主年龄、户主教育程度、户主养殖年数、家庭兼业状况、交通便利性、获取土地的难易程度这 6 个因素纳为计量经济模型的控制变量。此外，根据生猪养殖产业存在的具体特征与涉及的实际情况，还需纳入户主健康状况与加入产业化组织状况这两个因素。由于养殖标准化是以养殖规模化为基础的，养殖规模化的影响因素同样适用于养殖标准化。理论上，对规模化养殖户户主个人而言，年龄越大则社会阅历越深，教育程度越高则认知能力越强，养殖年数越长则养殖经验越丰富。户主年龄、户主教育程度、户主养殖年数这 3 个因素对养殖规模化水平与养殖标准化程度可能有一定的作用，但作用方向事先并不明确。对规模化养殖户户主个人而言，健康状况越好则投入精力越旺盛，在一定程度上可能会激励规模化养殖户提升养殖规模化水平与养殖标准化程度。家庭兼业则说明家庭收入来源非单一化，在一定程度上可能会弱化规模化养殖户提升养殖规模化水平与养殖标准化程度。交通便利是一种区位优势，在一定程度上可能会激励规模化养殖户提升养殖规模化水平与养殖标准化程度。加入产业化组织有利于提高组织化程度，实现产业化经营，在一定程度上可能会激励规模化养殖户提升养殖规模化水平与养殖标准化程度。较易获取土地有赖于产业政策的坚实保障，因而是一种政策优势，在一定程度上可能会激励规模化养殖户提升养殖规模化水平与养殖标准化程度。特别的是，针对养殖标准化，还将户主质量安全意识、户主环境保护意识、户主优质优价意识这 3 个因素纳为式（5.2）的控制变量加以考察。显然，对规模化养殖户户主个人而言，质量安全意识越积极，环境保护意识越积极，或者优质优价意识越积极，就越有可能促使规模化养殖户提升养殖标准化程度。此外，本书还控制了省域固定效应。

表 5.1　重大疫病冲击下生猪规模化养殖微观行为决策的计量经济模型变量及其定义

变　量			定　义
被解释变量/解释变量	养殖规模化（Q）		①非洲猪瘟疫病暴发后，政府对生猪养殖产业进行了一系列的政策扶持，户主所在养殖户的年出栏头数；②非洲猪瘟疫病暴发后，政府对生猪养殖产业进行了一系列的政策扶持，户主所在养殖户的规模：小规模＝1，中规模＝2，大规模＝3，超大规模＝4
	养殖标准化（S）	品种优良化（S_1）	品种来源清楚、检疫合格：否＝0（分），是＝1（分）
			品种性能良好：否＝0（分），是＝1（分）
		养殖设施化（S_2）	选址布局科学合理：否＝0（分），是＝1（分）
			生产设施完善：否＝0（分），是＝1（分）
		生产规范化（S_3）	制定并实施不同阶段生猪生产技术操作规程和管理制度：否＝0（分），是＝1（分）
			人员素质达标：否＝0（分），是＝1（分）
		防疫制度化（S_4）	防疫设施完善：否＝0（分），是＝1（分）
			防疫体系健全：否＝0（分），是＝1（分）
		粪污无害化（S_5）	环保设施完善，环境卫生达标：否＝0（分），是＝1（分）
			废弃物管理规范，病死猪实施无害化处理：否＝0（分），是＝1（分）
	疫病风险认知（R）		非洲猪瘟疫病暴发后，政府对生猪养殖产业进行了一系列的政策扶持，户主认为补栏是否仍有风险：是＝0，否＝1
	资金短缺状况（M）		非洲猪瘟疫病暴发后，政府对生猪养殖产业进行了一系列的政策扶持，户主是否仍因资金短缺而无力补栏：是＝0，否＝1
控制变量	户主年龄（HA）		户主的年龄（分类值）：29 岁及以下＝1，30～39 岁＝2，40～49 岁＝3，50～59 岁＝4，60 岁及以上＝5
	户主教育程度（HE）		户主的学历：小学未毕业＝1，小学毕业＝2，初中毕业＝3，高中毕业＝4，大专毕业＝5，本科毕业＝6，研究生毕业＝7
	户主健康状况（HS）		户主的健康状况：较差＝1，一般＝2，良好＝3
	户主养殖年数（PY）		户主从事养猪的年数（分类值，未满 1 年计为 1 年）：1～9 年＝1，10～19 年＝2，20～29 年＝3，30 年及以上＝4
	家庭兼业状况（MO）		户主所在的家庭是否兼业：否＝0，是＝1
	交通便利性（TC）		户主所在养殖户建址的交通便利性：很差＝1，较差＝2，一般＝3，较好＝4，很好＝5
	加入产业化组织状况（IO）		户主所在的养殖户是否与生猪养殖产业化组织签订了合同：否＝0，是＝1
	获取土地的难易程度（AL）		户主所在的养殖户获取生猪养殖用地的难易程度：较难＝1，一般＝2，容易＝3
	户主质量安全意识（QS）		户主认为的食用质量安全不达标的猪肉对人体健康的影响：没有影响＝1，影响较小＝2，影响一般＝3，影响较大＝4，影响很大＝5
	户主环境保护意识（EP）		户主认为的因生猪养殖废弃物不进行综合利用、病死猪不实施无害化处理所导致环境污染的严重程度：毫不严重＝1，较不严重＝2，有点严重＝3，比较严重＝4，非常严重＝5
	户主优质优价意识（HQ）		户主是否认为生猪养殖应实现“优质优价”：否＝0，是＝1

5.2 回归结果分析

本书采用有序多分类 Logit 模型，以最大似然估计法对式（5.1）、式（5.2）、式（5.3）进行参数估计，并使用聚类稳健标准误的回归结果（表 5.2）。需要说明的是，在式（5.1）与式（5.3）中，被解释变量养殖规模化采用的是按小规模、中规模、大规模、超大规模对规模化养殖户实际年出栏生猪头数进行分组排序的离散型变量。

表 5.2 重大疫病冲击下生猪规模化养殖微观行为决策的有序多分类 Logit 回归结果

项目		回归（1）	回归（2）	回归（3）
		养殖规模化（Q）	养殖标准化（S）	养殖规模化（Q）
解释变量	养殖标准化（S）	—	—	7.600*** (0.152)
	疫病风险认知（R）	0.135* (0.072)	0.114 (0.070)	0.405** (0.199)
	资金短缺状况（M）	0.782*** (0.037)	0.741*** (0.036)	5.268*** (1.076)
	养殖标准化×疫病风险认知（$S\times R$）	—	—	—
	养殖标准化×资金短缺状况（$S\times M$）	—	—	0.727*** (0.134)
控制变量	户主年龄（HA）	0.076*** (0.016)	0.076*** (0.015)	0.028*** (0.042)
	户主教育程度（HE）	0.153*** (0.013)	0.143*** (0.012)	0.116*** (0.031)
	户主养殖年数（PY）	0.117*** (0.025)	0.113*** (0.024)	0.065*** (0.064)
	户主健康状况（HS）	0.003 (0.026)	0.007 (0.026)	−0.072 (0.069)
	家庭兼业状况（MO）	0.009 (0.033)	0.006 (0.032)	0.023 (0.085)
	交通便利性（TC）	0.099*** (0.014)	0.088*** (0.014)	0.190*** (0.038)
	加入产业化组织状况（IO）	0.110*** (0.035)	0.108*** (0.034)	0.076*** (0.091)
	获取土地的难易程度（AL）	0.048* (0.025)	0.068*** (0.025)	0.090* (0.062)
	户主质量安全意识（QS）	—	0.049*** (0.018)	—
	户主环境保护意识（EP）	—	0.066*** (0.018)	—
	户主优质优价意识（HQ）	—	−0.018 (0.039)	—
省域固定效应		控制	控制	控制

续表

项　　目	回归（1）	回归（2）	回归（3）
	养殖规模化（Q）	养殖标准化（S）	养殖规模化（Q）
样本数量	12843	12843	12843
卡方检验	962.55***	957.79***	5206.18***
对数似然值	−16309.59	−19261.521	−2498.8713
伪决定系数	0.0320	0.0261	0.8517

注　括号中数据为聚类稳健标准误，***、**、*分别表示在1%、5%、10%的统计水平上显著，“—”为缺省项；余同。

5.2.1　基准回归

表5.2中的回归（1）列出了式（5.1）的回归结果。疫病风险认知和资金短缺状况对养殖规模化均有正向的显著影响，说明在非洲猪瘟疫病暴发后，政府对生猪养殖产业进行一系列政策扶持之时，认为补栏不再有疫病风险或不再因资金短缺而无力补栏，因而养殖规模化水平较高。

5.2.2　内在机制

5.2.2.1　行为决策对养殖标准化的影响

表5.2中的回归（2）列出了式（5.2）的回归结果。资金短缺状况对养殖标准化有着正向的显著影响，说明在非洲猪瘟疫病暴发后，政府对生猪养殖产业进行一系列政策扶持之时，不再因资金短缺而无力补栏，因而养殖标准化程度也较高。此外，疫病风险认知对养殖标准化并无显著影响。可以说，即使存在疫病风险认知，养殖标准化程度的提升与否仍取决于资金短缺状况。

5.2.2.2　行为决策经由养殖标准化对养殖规模化的影响

表5.2中的回归（3）列出了式（5.3）的回归结果。与式（5.1）的回归结果一致，疫病风险认知和资金短缺状况对养殖规模化均有正向的显著影响，由此验证了假设1与假设2。养殖标准化对养殖规模化有着正向的显著影响，说明在非洲猪瘟疫病暴发后，政府对生猪养殖产业进行一系列政策扶持之时，养殖标准化程度越高，其所决定的养殖规模化水平就越高。根据式（5.1）与式（5.2）的回归结果，只能在式（5.3）中设置养殖标准化与资金短缺状况的交乘项，且该交乘项的回归系数显著为正。这表明，一方面，在控制了养殖标准化之后，资金短缺状况对养殖规模化依然有着正向的显著影响；另一方面，如果把养殖标准化纳入考虑，资金短缺状况对养殖规模化同样有着正向的显著影响。可见，资金短缺状况经由养殖标准化对养殖规模化有着正向的显著影响。

5.2.3　控制变量的影响

表5.2中的回归（1）与回归（3）列出了控制变量对养殖规模化的影响，回归（2）列出了控制变量对养殖标准化的影响：户主年龄、户主教育程度、户主养殖年数、交通便利性、加入产业化组织状况、获取土地的难易程度对养殖规模化均有正向的显著影响，对

养殖标准化均有正向的显著影响；户主健康状况与家庭兼业状况对养殖规模化均无显著影响，对养殖标准化均无显著影响；户主质量安全意识与户主环境保护意识对养殖标准化均有正向的显著影响，户主优质优价意识对养殖标准化没有显著影响。这说明，年龄越大则社会阅历越深，教育程度越高则认知能力越强，养殖年数越长则养殖经验越丰富，因而在非洲猪瘟疫病暴发后，政府对生猪养殖产业进行一系列政策扶持之时，户主对有必要提升养殖规模化水平与养殖标准化程度的认识就越透彻，养殖规模化水平与养殖标准化程度相应也就都越高；交通越便利则区位优势越明显，养殖规模化水平与养殖标准化程度就都越高；加入产业化组织有利于提高组织化程度，实现产业化经营，因而养殖规模化水平与养殖标准化程度都较高；较易获取土地有赖于产业政策的坚实保障，政策优势越明显，养殖规模化水平与养殖标准化程度就都越高；质量安全意识或环境保护意识越积极，养殖标准化程度就越高。

5.3 稳健性检验

本书从变换模型与替换解释变量两个方面检验表5.2中的回归结果的稳健性。

(1) 变换模型。采用普通最小二乘法（ordinary least squares，OLS）模型对式(5.1)、式(5.2)、式(5.3)进行参数估计，并使用聚类稳健标准误的回归结果。需要说明的是，在式(5.1)与式(5.3)中，被解释变量养殖规模化采用的是规模化养殖户实际年出栏生猪头数对数的连续型变量。表5.3显示，疫病风险认知在回归(1)与回归(3)中对养殖规模化的回归系数的显著性水平均不一致，其余各解释变量回归系数的符号（+或−，余同）和显著性均与表5.2的回归结果一致；此外，户主健康状况在回归(1)中对养殖规模化的回归系数的符号不一致，获取土地的难易程度在回归(1)与回归(3)中对养殖规模化的回归系数的显著性水平均不一致，其余各控制变量回归系数的符号和显著性均与表5.2的回归结果一致。可见，表5.2中的回归结果是稳健的。

表5.3　重大疫病冲击下生猪规模化养殖微观行为决策的OLS回归结果

项目		回归(1)	回归(2)	回归(3)
		养殖规模化 ($\ln Q$)	养殖标准化 (S)	养殖规模化 ($\ln Q$)
解释变量	养殖标准化 (S)	—	—	0.930*** (0.007)
	疫病风险认知 (R)	0.106*** (0.039)	0.071 (0.044)	0.045*** (0.017)
	资金短缺状况 (M)	0.478*** (0.020)	0.451*** (0.021)	0.932*** (0.075)
	养殖标准化×疫病风险认知 ($S\times R$)	—	—	—
	养殖标准化×资金短缺状况 ($S\times M$)	—	—	0.126*** (0.009)

续表

项目		回归（1）	回归（2）	回归（3）
		养殖规模化（lnQ）	养殖标准化（S）	养殖规模化（lnQ）
控制变量	户主年龄（*HA*）	0.046*** （0.009）	0.047*** （0.009）	0.005*** （0.004）
	户主教育程度（*HE*）	0.088*** （0.007）	0.085*** （0.007）	0.012*** （0.003）
	户主养殖年数（*PY*）	0.083*** （0.014）	0.069*** （0.014）	0.021*** （0.006）
	户主健康状况（*HS*）	−0.004 （0.015）	0.004 （0.016）	−0.007 （0.006）
	家庭兼业状况（*MO*）	0.010 （0.018）	0.008 （0.020）	0.004 （0.007）
	交通便利性（*TC*）	0.046*** （0.008）	0.055*** （0.008）	0.001*** （0.003）
	加入产业化组织状况（*IO*）	0.068*** （0.020）	0.067*** （0.021）	0.001*** （0.008）
	获取土地的难易程度（*AL*）	0.040*** （0.014）	0.050*** （0.015）	0.007*** （0.006）
	户主质量安全意识（*QS*）	—	0.031*** （0.011）	—
	户主环境保护意识（*EP*）	—	0.042*** （0.011）	—
	户主优质优价意识（*HQ*）	—	−0.010 （0.024）	—
省域固定效应		控制	控制	控制
常数项		5.416*** （0.082）	7.573*** （0.113）	−1.945*** （0.069）
样本数量		12843	12843	12843
F统计量		99.37***	79.01***	3405.01***
决定系数		0.0850	0.0785	0.8517

（2）替换解释变量。养殖标准化得分是由品种优良化、养殖设施化、生产规范化、防疫制度化、粪污无害化这5个方面的得分加总而成的，把养殖标准化作为解释变量，可能存在“加总谬误”。鉴于此，本书将品种优良化、养殖设施化、生产规范化、防疫制度化、粪污无害化分别替换养殖标准化，仍采用有序多分类Logit模型，以最大似然估计法对式（5.1）、式（5.2）、式（5.3）进行参数估计，并使用聚类稳健标准误的回归结果。

表5.4列出了将品种优良化替换为养殖标准化之后的回归结果。资金短缺状况对品种优良化有着正向的显著影响，疫病风险认知对品种优良化并无显著影响。户主年龄、户主教育程度、户主养殖年数、交通便利性、加入产业化组织状况、获取土地的难易程度、户

主质量安全意识、户主环境保护意识对品种优良化均有正向的显著影响，户主健康状况、家庭兼业状况、户主优质优价意识对品种优良化均无显著影响。品种优良化对养殖规模化有着正向的显著影响。根据式（5.1）与式（5.2）的回归结果，只能在式（5.3）中设置品种优良化与资金短缺状况的交乘项，且该交乘项的回归系数显著为正。这表明，一方面，在控制了品种优良化之后，资金短缺状况对养殖规模化依然有着正向的显著影响；另一方面，如果把品种优良化纳入考虑，资金短缺状况对养殖规模化同样有着正向的显著影响。可见，资金短缺状况经由品种优良化对养殖规模化有着正向的显著影响。

表5.4显示，疫病风险认知对品种优良化的回归系数的符号不一致，疫病风险认知在回归（3）中对养殖规模化的回归系数的显著性水平不一致，其余各解释变量回归系数的符号和显著性均与表5.2的回归结果一致；此外，户主教育程度对品种优良化的回归系数的显著性水平不一致，家庭兼业状况在回归（3）中对养殖规模化的回归系数的符号不一致，加入产业化组织状况对品种优良化的回归系数的显著性水平不一致，加入产业化组织状况在回归（3）中对养殖规模化的回归系数的显著性水平不一致，户主优质优价意识对品种优良化的回归系数的符号不一致，其余各控制变量回归系数的符号和显著性均与表5.2中的回归结果一致。可见，表5.2中的回归结果是稳健的。

表5.4　替换为品种优良化的重大疫病冲击下生猪规模化养殖微观行为决策的有序多分类Logit回归结果

项目		回归（1）	回归（2）	回归（3）
		养殖规模化（Q）	品种优良化（S_1）	养殖规模化（Q）
解释变量	品种优良化（S_1）	—	—	1.847*** (0.067)
	疫病风险认知（R）	0.135* (0.072)	−0.055 (0.102)	0.138* (0.074)
	资金短缺状况（M）	0.782*** (0.037)	0.068*** (0.046)	0.538*** (0.150)
	品种优良化×疫病风险认知（$S_1\times R$）	—	—	—
	品种优良化×资金短缺状况（$S_1\times M$）	—	—	0.765*** (0.083)
控制变量	户主年龄（HA）	0.076*** (0.016)	0.003*** (0.022)	0.084*** (0.016)
	户主教育程度（HE）	0.153*** (0.013)	0.031* (0.017)	0.158*** (0.013)
	户主养殖年数（PY）	0.117*** (0.025)	0.054*** (0.033)	0.113*** (0.025)
	户主健康状况（HS）	0.003 (0.026)	0.011 (0.036)	−0.001 (0.027)
	家庭兼业状况（MO）	0.009 (0.033)	0.028 (0.044)	−0.005 (0.033)

续表

项目		回归（1）	回归（2）	回归（3）
		养殖规模化（Q）	品种优良化（S_1）	养殖规模化（Q）
控制变量	交通便利性（TC）	0.099*** (0.014)	0.027*** (0.018)	0.093*** (0.014)
	加入产业化组织状况（IO）	0.110*** (0.035)	0.097** (0.048)	0.083** (0.035)
	获取土地的难易程度（AL）	0.048* (0.025)	0.116*** (0.034)	0.028* (0.026)
	户主质量安全意识（QS）	—	0.031*** (0.025)	—
	户主环境保护意识（EP）	—	0.204*** (0.023)	—
	户主优质优价意识（HQ）	—	0.063 (0.053)	—
省域固定效应		控制	控制	控制
样本数量		12843	12843	12843
卡方检验		962.55***	181.93***	1894.42***
对数似然值		−16309.59	−6376.3237	−15734.653
伪决定系数		0.0320	0.0153	0.0661

表 5.5 列出了将养殖设施化替换为养殖标准化之后的回归结果。资金短缺状况对养殖设施化有着正向的显著影响，疫病风险认知对养殖设施化并无显著影响。户主年龄、户主教育程度、户主养殖年数、交通便利性、加入产业化组织状况、获取土地的难易程度、户主质量安全意识、户主环境保护意识对养殖设施化均有正向的显著影响，户主健康状况、家庭兼业状况、户主优质优价意识对养殖设施化均无显著影响。养殖设施化对养殖规模化有着正向的显著影响。根据式（5.1）与式（5.2）的回归结果，只能在式（5.3）中设置养殖设施化与资金短缺状况的交乘项，且该交乘项的回归系数显著为正。这表明，一方面，在控制了养殖设施化之后，资金短缺状况对养殖规模化依然有着正向的显著影响；另一方面，如果把养殖设施化纳入考虑，资金短缺状况对养殖规模化同样有着正向的显著影响。可见，资金短缺状况经由养殖设施化对养殖规模化有着正向的显著影响。

表 5.5 显示，疫病风险认知对养殖设施化的回归系数的符号不一致，疫病风险认知在回归（3）中对养殖规模化的回归系数的显著性水平不一致，其余各解释变量回归系数的符号和显著性均与表 5.2 的回归结果一致；此外，户主年龄对养殖设施化的回归系数的显著性水平不一致，户主健康状况对养殖设施化的回归系数的符号不一致，户主健康状况在回归（3）中对养殖规模化的回归系数的符号不一致，其余各控制变量回归系数的符号和显著性均与表 5.2 的回归结果一致。可见，表 5.2 中的回归结果是稳健的。

表 5.5　　替换为养殖设施化的重大疫病冲击下生猪规模化养殖微观行为决策的有序多分类 Logit 回归结果

项目		回归（1）	回归（2）	回归（3）
		养殖规模化（Q）	养殖设施化（S_2）	养殖规模化（Q）
解释变量	养殖设施化（S_2）	—	—	1.776*** (0.061)
	疫病风险认知（R）	0.135* (0.072)	−0.230 (0.089)	0.230*** (0.074)
	资金短缺状况（M）	0.782*** (0.037)	0.154*** (0.043)	0.338*** (0.126)
	养殖设施化×疫病风险认知（$S_2 \times R$）	—	—	—
	养殖设施化×资金短缺状况（$S_2 \times M$）	—	—	0.691*** (0.072)
控制变量	户主年龄（HA）	0.076*** (0.016)	0.045** (0.020)	0.071*** (0.016)
	户主教育程度（HE）	0.153*** (0.013)	0.105*** (0.015)	0.131*** (0.013)
	户主养殖年数（PY）	0.117*** (0.025)	0.128*** (0.031)	0.082*** (0.025)
	户主健康状况（HS）	0.003 (0.026)	−0.040 (0.035)	0.005 (0.026)
	家庭兼业状况（MO）	0.009 (0.033)	0.025 (0.040)	0.012 (0.034)
	交通便利性（TC）	0.099*** (0.014)	0.160*** (0.017)	0.156*** (0.014)
	加入产业化组织状况（IO）	0.110*** (0.035)	0.345*** (0.044)	0.019*** (0.036)
	获取土地的难易程度（AL）	0.048* (0.025)	0.128*** (0.029)	0.010* (0.026)
	户主质量安全意识（QS）	—	0.024*** (0.023)	—
	户主环境保护意识（EP）	—	0.018*** (0.022)	—
	户主优质优价意识（HQ）	—	−0.246 (0.054)	—
省域固定效应		控制	控制	控制
样本数量		12843	12843	12843
卡方检验		962.55***	698.43***	2192.04***
对数似然值		−16309.59	−8554.2798	−15476.935
伪决定系数		0.0320	0.0409	0.0814

表5.6列出了将生产规范化替换为养殖标准化之后的回归结果。资金短缺状况对生产规范化有着正向的显著影响，疫病风险认知对生产规范化并无显著影响。户主年龄、户主教育程度、户主养殖年数、交通便利性、加入产业化组织状况、获取土地的难易程度、户主质量安全意识、户主环境保护意识对生产规范化均有正向的显著影响，户主健康状况、家庭兼业状况、户主优质优价意识对生产规范化均无显著影响。生产规范化对养殖规模化有着正向的显著影响，根据式（5.1）与式（5.2）的回归结果，只能在式（5.3）中设置生产规范化与资金短缺状况的交乘项，且该交乘项的回归系数显著为正。这表明，一方面，在控制了生产规范化之后，资金短缺状况对养殖规模化依然有着正向的显著影响；另一方面，如果把生产规范化纳入考虑，资金短缺状况对养殖规模化同样有着正向的显著影响。可见，资金短缺状况经由生产规范化对养殖规模化有着正向的显著影响。

表5.6　替换为生产规范化的重大疫病冲击下生猪规模化养殖微观行为决策的有序多分类Logit回归结果

项目		回归（1）	回归（2）	回归（3）
		养殖规模化 (Q)	生产规范化 (S_3)	养殖规模化 (Q)
解释变量	生产规范化 (S_3)	—	—	1.980*** (0.070)
	疫病风险认知 (R)	0.135* (0.072)	0.336 (0.087)	0.010** (0.074)
	资金短缺状况 (M)	0.782*** (0.037)	0.668*** (0.046)	0.752*** (0.141)
	生产规范化×疫病风险认知 ($S_3\times R$)	—	—	—
	生产规范化×资金短缺状况 ($S_3\times M$)	—	—	0.795*** (0.078)
控制变量	户主年龄 (HA)	0.076*** (0.016)	0.049** (0.020)	0.070*** (0.016)
	户主教育程度 (HE)	0.153*** (0.013)	0.057*** (0.015)	0.149*** (0.013)
	户主养殖年数 (PY)	0.117*** (0.025)	0.064** (0.031)	0.112*** (0.025)
	户主健康状况 (HS)	0.003 (0.026)	−0.186 (0.033)	0.067 (0.027)
	家庭兼业状况 (MO)	0.009 (0.033)	0.040 (0.041)	−0.005 (0.034)
	交通便利性 (TC)	0.099*** (0.014)	0.045*** (0.017)	0.093*** (0.014)
	加入产业化组织状况 (IO)	0.110*** (0.035)	0.146*** (0.043)	0.154*** (0.036)
	获取土地的难易程度 (AL)	0.048* (0.025)	0.164*** (0.031)	0.000* (0.026)

续表

项目		回归（1）	回归（2）	回归（3）
		养殖规模化（Q）	生产规范化（S_3）	养殖规模化（Q）
控制变量	户主质量安全意识（QS）	—	0.055** （0.023）	—
	户主环境保护意识（EP）	—	0.160*** （0.022）	—
	户主优质优价意识（HQ）	—	0.027 （0.050）	—
省域固定效应		控制	控制	控制
样本数量		12843	12843	12843
卡方检验		962.55***	510.58***	2658.83***
对数似然值		−16309.59	−8836.7403	−15264.088
伪决定系数		0.0320	0.0299	0.0940

表5.6显示，各解释变量回归系数的符号和显著性均与表5.2的回归结果一致；此外，户主年龄对生产规范化的回归系数的显著性水平不一致，户主养殖年数对生产规范化的回归系数的显著性水平不一致，户主健康状况对生产规范化的回归系数的符号不一致，户主健康状况在回归（3）中对养殖规模化的回归系数的符号不一致，家庭兼业状况在回归（3）中对养殖规模化的回归系数的符号不一致，户主质量安全意识对生产规范化的回归系数的显著性水平不一致，户主优质优价意识对生产规范化的回归系数的符号不一致，其余各控制变量回归系数的符号和显著性均与表5.2的回归结果一致。可见，表5.2中的回归结果是稳健的。

表5.7列出了将防疫制度化替换为养殖标准化之后的回归结果。资金短缺状况对防疫制度化有着正向的显著影响，疫病风险认知对防疫制度化并无显著影响。户主年龄、户主教育程度、户主养殖年数、交通便利性、加入产业化组织状况、获取土地的难易程度、户主质量安全意识、户主环境保护意识对防疫制度化均有正向的显著影响，户主健康状况、家庭兼业状况、户主优质优价意识对防疫制度化均无显著影响。防疫制度化对养殖规模化有着正向的显著影响，根据式（5.1）与式（5.2）的回归结果，只能在式（5.3）中设置防疫制度化与资金短缺状况的交乘项，且该交乘项的回归系数显著为正。这表明，一方面，在控制了防疫制度化之后，资金短缺状况对养殖规模化依然有着正向的显著影响；另一方面，如果把防疫制度化纳入考虑，资金短缺状况对养殖规模化同样有着正向的显著影响。可见，资金短缺状况经由防疫制度化对养殖规模化有着正向的显著影响。

表5.7显示，各解释变量回归系数的符号和显著性均与表5.2的回归结果一致；此外，家庭兼业状况对防疫制度化的回归系数的符号不一致，获取土地的难易程度在回归（3）中对养殖规模化的回归系数的显著性水平不一致，户主质量安全意识对防疫制度化的回归系数的显著性水平不一致，其余各控制变量回归系数的符号和显著性均与表5.2的回归结果一致。可见，表5.2中的回归结果是稳健的。

表 5.7　替换为防疫制度化的重大疫病冲击下生猪规模化养殖微观行为决策的有序多分类 Logit 回归结果

项目		回归（1）	回归（2）	回归（3）
		养殖规模化（Q）	防疫制度化（S_4）	养殖规模化（Q）
解释变量	防疫制度化（S_4）	—	—	2.374*** (0.062)
	疫病风险认知（R）	0.135* (0.072)	0.114 (0.083)	0.096** (0.079)
	资金短缺状况（M）	0.782*** (0.037)	0.498*** (0.037)	0.903*** (0.100)
	防疫制度化×疫病风险认知（$S_4 \times R$）	—	—	—
	防疫制度化×资金短缺状况（$S_4 \times M$）	—	—	1.135*** (0.067)
控制变量	户主年龄（HA）	0.076*** (0.016)	0.069*** (0.017)	0.059*** (0.017)
	户主教育程度（HE）	0.153*** (0.013)	0.091*** (0.013)	0.134*** (0.013)
	户主养殖年数（PY）	0.117*** (0.025)	0.030*** (0.026)	0.158*** (0.025)
	户主健康状况（HS）	0.003 (0.026)	0.088 (0.027)	−0.038 (0.027)
	家庭兼业状况（MO）	0.009 (0.033)	−0.075 (0.035)	0.043 (0.034)
	交通便利性（TC）	0.099*** (0.014)	0.228*** (0.014)	0.004*** (0.014)
	加入产业化组织状况（IO）	0.110*** (0.035)	0.057*** (0.037)	0.164*** (0.036)
	获取土地的难易程度（AL）	0.048* (0.025)	0.194*** (0.030)	0.154*** (0.026)
	户主质量安全意识（QS）	—	0.038* (0.020)	—
	户主环境保护意识（EP）	—	0.135*** (0.018)	—
	户主优质优价意识（HQ）	—	−0.011 (0.043)	—
省域固定效应		控制	控制	控制
样本数量		12843	12843	12843
卡方检验		962.55***	726.89***	3535.26***
对数似然值		−16309.59	−11710.628	−14583.11
伪决定系数		0.0320	0.0397	0.1344

表5.8列出了将粪污无害化替换为养殖标准化之后的回归结果。资金短缺状况对粪污无害化有着正向的显著影响，疫病风险认知对粪污无害化并无显著影响。户主年龄、户主教育程度、户主养殖年数、交通便利性、加入产业化组织状况、获取土地的难易程度、户主质量安全意识、户主环境保护意识对粪污无害化均有正向的显著影响，户主健康状况、家庭兼业状况、户主优质优价意识对粪污无害化均无显著影响。粪污无害化对养殖规模化有着正向的显著影响，根据式（5.1）与式（5.2）的回归结果，只能在式（5.3）中设置粪污无害化与资金短缺状况的交乘项，且该交乘项的回归系数显著为正。这表明，一方面，在控制了粪污无害化之后，资金短缺状况对养殖规模化依然有着正向的显著影响；另一方面，如果把粪污无害化纳入考虑，资金短缺状况对养殖规模化同样有着正向的显著影响。可见，资金短缺状况经由粪污无害化对养殖规模化有着正向的显著影响。

表5.8显示，疫病风险认知对粪污无害化的回归系数的符号不一致，其余各解释变量回归系数的符号和显著性均与表5.2的回归结果一致；此外，家庭兼业状况在回归（3）中对养殖规模化的回归系数的符号不一致，加入产业化组织状况对粪污无害化的回归系数的显著性水平不一致，加入产业化组织状况在回归（3）中对养殖规模化的回归系数的显著性水平不一致，户主优质优价意识对粪污无害化的回归系数的符号不一致，其余各控制变量回归系数的符号和显著性均与表5.2的回归结果一致。可见，表5.2中的回归结果是稳健的。

表5.8　替换为粪污无害化的重大疫病冲击下生猪规模化养殖微观行为决策的有序多分类Logit回归结果

项目		回归（1）	回归（2）	回归（3）
		养殖规模化（Q）	粪污无害化（S_5）	养殖规模化（Q）
解释变量	粪污无害化（S_5）	—	—	2.506*** (0.064)
	疫病风险认知（R）	0.135* (0.072)	−0.012 (0.080)	0.150** (0.076)
	资金短缺状况（M）	0.782*** (0.037)	0.372*** (0.038)	0.813*** (0.114)
	粪污无害化×疫病风险认知（$S_5\times R$）	—	—	—
	粪污无害化×资金短缺状况（$S_5\times M$）	—	—	1.038*** (0.073)
控制变量	户主年龄（HA）	0.076*** (0.016)	0.014*** (0.018)	0.091*** (0.016)
	户主教育程度（HE）	0.153*** (0.013)	0.054*** (0.014)	0.154*** (0.013)
	户主养殖年数（PY）	0.117*** (0.025)	0.116*** (0.026)	0.082*** (0.025)
	户主健康状况（HS）	0.003 (0.026)	0.069 (0.029)	−0.021 (0.027)

续表

项目		回归（1）	回归（2）	回归（3）
		养殖规模化（Q）	粪污无害化（S_5）	养殖规模化（Q）
控制变量	家庭兼业状况（MO）	0.009 (0.033)	0.030 (0.036)	−0.002 (0.034)
	交通便利性（TC）	0.099*** (0.014)	0.023*** (0.015)	0.126*** (0.015)
	加入产业化组织状况（IO）	0.110*** (0.035)	0.078** (0.038)	0.074** (0.036)
	获取土地的难易程度（AL）	0.048* (0.025)	0.095*** (0.027)	0.009* (0.026)
	户主质量安全意识（QS）	—	0.057*** (0.020)	—
	户主环境保护意识（EP）	—	0.084*** (0.019)	—
	户主优质优价意识（HQ）	—	0.034 (0.044)	—
省域固定效应		控制	控制	控制
样本数量		12843	12843	12843
卡方检验		962.55***	244.82***	3376.76***
对数似然值		−16309.59	−9713.9563	−14692.775
伪决定系数		0.0320	0.0125	0.1279

5.4 结论

本书利用大样本分区域抽样调查数据，实证考察非洲猪瘟疫病冲击下规模化养殖户的疫病风险认知和资金短缺状况两大行为决策因素对生猪规模化养殖与生猪标准化养殖的影响，以及经由生猪标准化养殖对生猪规模化养殖的影响。

根据对重大疫病冲击下生猪规模化养殖的微观行为决策分析可以发现：①非洲猪瘟疫病冲击下，规模化养殖户的疫病风险认知和资金短缺状况均与其养殖规模正相关；②非洲猪瘟疫病冲击下，规模化养殖户的资金短缺状况与其养殖标准正相关，规模化养殖户的疫病风险认知与其养殖标准不相关；③非洲猪瘟疫病冲击下，规模化养殖户的养殖标准与其养殖规模正相关；④非洲猪瘟疫病冲击下，规模化养殖户的资金短缺状况经由其养殖标准与其养殖规模正相关，规模化养殖户的疫病风险认知经由其养殖标准与其养殖规模不相关。这些结论都从采用 OLS 模型的回归结果、加入户主培训经历样本的回归结果、替换养殖标准化样本的回归结果中得到了证实。

第 6 章 重大疫病冲击下生猪规模化养殖的宏观政策扶持研究

在政策扶持对生猪规模化养殖的影响机制中，养殖户的行为决策因素是主要导体，而关于政策扶持如何经由养殖户的行为决策对生猪规模化养殖产生影响，现有的文献未给予有力的说明。对政策扶持促进生猪规模化养殖的内在机理进行探索，辨析非洲猪瘟疫病冲击下政策扶持经由规模化养殖户的疫病风险认知和资金短缺状况两大行为决策因素对生猪规模化养殖的影响，是本节的核心内容。

6.1 模型建构与变量说明

6.1.1 模型建构

本书采用有序多分类 Logit 模型考察非洲猪瘟疫病冲击下政策扶持经由规模化养殖户的疫病风险认知和资金短缺状况两大行为决策因素对生猪规模化养殖的影响。

首先，为检验政策扶持对生猪规模化养殖的影响，构建计量经济模型为

$$Q_i = \beta_{10} + \beta_{11} P_i + \sum \theta_{1k} X_{ki} + \mu_1 \tag{6.1}$$

式中：Q_i 为第 i 个规模化养殖户的养殖规模化水平；P_i 为第 i 个规模化养殖户实际受到的扶持政策项数（力度）；X_{ki} 为第 i 个规模化养殖户的一组控制变量；β 为待估参数；θ 为参数向量；μ 为随机扰动项。

将扶持政策划分为直接扶持政策和间接扶持政策后，式（6.1）扩展为

$$Q_i = \beta_{20} + \beta_{21} P_{1i} + \beta_{22} P_{2i} + \sum \theta_{2k} X_{ki} + \mu_2 \tag{6.2}$$

式中：P_{1i} 与 P_{2i} 分别为第 i 个规模化养殖户实际受到的直接扶持政策项数（力度）和间接扶持政策项数（力度）。

其次，为进一步探求政策扶持影响生猪规模化养殖的内在机制，构建计量经济模型为

$$R_i = \beta_{30} + \beta_{31} P_i + \sum \theta_{3k} X_{ki} + \mu_3 \tag{6.3}$$

$$M_i = \beta_{40} + \beta_{41} P_i + \sum \theta_{4k} X_{ki} + \mu_4 \tag{6.4}$$

$$\begin{aligned} Q_i = & \beta_{50} + \beta_{51} R_i + \beta_{52} M_i + \beta_{53} P_i + \beta_{54} R_i P_i \\ & + \beta_{55} M_i P_i + \sum \theta_{5k} X_{ki} + \mu_5 \end{aligned} \tag{6.5}$$

式中：R_i 与 M_i 分别为第 i 个规模化养殖户的疫病风险认知和资金短缺状况。

将扶持政策划分为直接扶持政策和间接扶持政策后，式（6.3）、式（6.4）、式（6.5）

扩展为

$$R_i=\beta_{60}+\beta_{61}P_{1i}+\beta_{62}P_{2i}+\sum\theta_{6k}X_{ki}+\mu_6 \tag{6.6}$$

$$M_i=\beta_{70}+\beta_{71}P_{1i}+\beta_{72}P_{2i}+\sum\theta_{7k}X_{ki}+\mu_7 \tag{6.7}$$

$$Q_i=\beta_{80}+\beta_{81}R_i+\beta_{82}M_i+\beta_{83}P_{1i}+\beta_{84}P_{2i}+\beta_{85}R_iP_{1i}+\beta_{86}R_iP_{2i}+\beta_{87}M_iP_{1i}+\beta_{88}M_iP_{2i}+\sum\theta_{8k}X_{ki}+\mu_8 \tag{6.8}$$

式（6.3）与式（6.6）检验扶持政策及其两类划分对规模化养殖户的疫病风险认知这一行为决策因素的影响，式（6.4）与式（6.7）检验扶持政策及其两类划分对规模化养殖户的资金短缺状况这一行为决策因素的影响，式（6.5）与式（6.8）检验扶持政策及其两类划分是否经由规模化养殖户的疫病风险认知和资金短缺状况两大行为决策因素对生猪规模化养殖产生影响。

在式（6.1）与式（6.3）中，若回归系数 β_{11} 与 β_{31} 均显著，则在式（6.5）中设置交乘项 R_iP_i。在式（6.1）与式（6.4）中，若回归系数 β_{11} 与 β_{41} 均显著，则在式（6.5）中设置交乘项 M_iP_i。在式（6.2）与式（6.6）中，若回归系数 β_{21} 与 β_{61} 均显著，则在式（6.8）中设置交乘项 R_iP_{1i}；若回归系数 β_{22} 与 β_{62} 均显著，则在式（6.8）中设置交乘项 R_iP_{2i}。在式（6.2）与式（6.7）中，若回归系数 β_{21} 与 β_{71} 均显著，则在式（6.8）中设置交乘项 M_iP_{1i}；若回归系数 β_{22} 与 β_{72} 均显著，则在式（6.8）中设置交乘项 M_iP_{2i}。

若回归系数 β_{11} 与 β_{53} 均显著为正，则假设 3 得到验证。若回归系数 β_{31} 显著为正，则假设 4 得到验证。若回归系数 β_{54} 显著为正，则推论 1 得到验证。若回归系数 β_{41} 显著为正，则假设 5 得到验证。若回归系数 β_{55} 显著为正，则推论 2 得到验证。

6.1.2 变量说明

本书在调查问卷中设置相应的问题，对计量经济模型中的被解释变量与解释变量进行调查并赋值（表 6.1）。由于政策扶持逻辑上先于疫病风险认知和资金短缺状况两大行为决策因素继而先于养殖规模化出现，并且这一点在调查问卷中设置相应的问题时也给予了特别提示，故可以判断实证结果受内生性问题特别是双向因果偏误的干扰很小。

表 6.1 重大疫病冲击下生猪规模化养殖宏观政策扶持的计量经济模型变量及其定义

变量			定义
被解释变量/解释变量	养殖规模化（Q）		①非洲猪瘟疫病暴发后，政府对生猪养殖产业进行了一系列的政策扶持，户主所在养殖户的年出栏头数；②非洲猪瘟疫病暴发后，政府对生猪养殖产业进行了一系列的政策扶持，户主所在养殖户的规模：小规模＝1，中规模＝2，大规模＝3，超大规模＝4
	扶持政策（P）	直接扶持政策（P_1）	非洲猪瘟疫病暴发后，户主所在的养殖户实际受到来自政府直接扶持政策的项数（力度）
		间接扶持政策（P_2）	非洲猪瘟疫病暴发后，户主所在的养殖户实际受到来自政府间接扶持政策的项数（力度）
	疫病风险认知（R）		非洲猪瘟疫病暴发后，政府对生猪养殖产业进行了一系列的政策扶持，户主认为补栏是否仍有风险：是＝0，否＝1
	资金短缺状况（M）		非洲猪瘟疫病暴发后，政府对生猪养殖产业进行了一系列的政策扶持，户主是否仍因资金短缺而无力补栏：是＝0，否＝1

续表

变量			定义
控制变量	养殖标准化（S）	品种优良化（S_1）	品种来源清楚、检疫合格：否=0（分），是=1（分）
			品种性能良好：否=0（分），是=1（分）
		养殖设施化（S_2）	选址布局科学合理：否=0（分），是=1（分）
			生产设施完善：否=0（分），是=1（分）
		生产规范化（S_3）	制定并实施不同阶段生猪生产技术操作规程和管理制度：否=0（分），是=1（分）
			人员素质达标：否=0（分），是=1（分）
		防疫制度化（S_4）	防疫设施完善：否=0（分），是=1（分）
			防疫体系健全：否=0（分），是=1（分）
		粪污无害化（S_5）	环保设施完善，环境卫生达标：否=0（分），是=1（分）
			废弃物管理规范，病死猪实施无害化处理：否=0（分），是=1（分）
	户主年龄（HA）		户主的年龄（分类值）：29岁及以下=1，30～39岁=2，40～49岁=3，50～59岁=4，60岁及以上=5
	户主教育程度（HE）		户主的学历：小学未毕业=1，小学毕业=2，初中毕业=3，高中毕业=4，大专毕业=5，本科毕业=6，研究生毕业=7
	户主养殖年数（PY）		户主从事养猪的年数（分类值，未满1年计为1年）：1～9年=1，10～19年=2，20～29年=3，30年及以上=4
	户主健康状况（HS）		户主的健康状况：较差=1，一般=2，良好=3
	户主培训经历（HT）		户主是否参加过有关生猪养殖的指导或培训：否=0，是=1
	家庭兼业状况（MO）		户主所在的家庭是否兼业：否=0，是=1
	交通便利性（TC）		户主所在养殖户建址的交通便利性：很差=1，较差=2，一般=3，较好=4，很好=5
	加入产业化组织状况（IO）		户主所在的养殖户是否与生猪养殖产业化组织签订了合同：否=0，是=1
	获取土地的难易程度（AL）		户主所在的养殖户获取生猪养殖用地的难易程度：较难=1，一般=2，容易=3

本书选取10个主要控制变量并对其赋值，如表6.1所示。从现有的研究结果来看，年龄（李响等，2007；汤颖梅等，2013；唱晓阳，2019）、文化程度（周晶等，2014；唱晓阳，2019；张园园等，2019）、养殖年限（唱晓阳，2019）、家庭其他收入（杨子刚等，2011；汤颖梅等，2013）、交通条件（周晶等，2014；张园园等，2019）、用地状况（Rasmussen，2011；张玉梅等，2013；陈娅，2016）是生猪规模化养殖的6个重要影响因素。因此，将户主年龄、户主教育程度、户主养殖年数、家庭兼业状况、交通便利性、获取土地的难易程度这6个因素纳为式（6.1）、式（6.2）、式（6.5）、式（6.8）的控制变量。此外，根据生猪养殖产业存在的具体特征与涉及的实际情况，还需纳入养殖标准化、户主健康状况、加入产业化组织状况这3个因素。特别的是，针对疫病风险认知，只将户主年

龄、户主教育程度、户主养殖年数、加入产业化组织状况和户主培训经历这5个因素纳为式（6.3）与式（6.6）的控制变量加以考察；针对资金短缺状况，只将家庭兼业状况与加入产业化组织状况这两个因素纳为式（6.4）与式（6.7）的控制变量加以考察。理论上，养殖规模化是养殖标准化的基础，较高的养殖标准化程度有可能反映了较高的养殖规模化水平。对规模化养殖户户主个人而言，年龄越大则社会阅历越深，教育程度越高则认知能力越强，养殖年数越长则养殖经验越丰富。户主年龄、户主教育程度、户主养殖年数这3个因素对养殖规模化水平与疫病风险认知可能有一定的作用，但作用方向事先并不明确。对规模化养殖户户主个人而言，健康状况越好则投入精力越旺盛，在一定程度上可能会激励规模化养殖户提升养殖规模化水平。对规模化养殖户户主个人而言，有过培训经历则知识水平越高。户主培训经历这一因素对疫病风险认知可能有一定的作用，但作用方向事先并不明确。家庭兼业则说明家庭收入来源非单一化，在一定程度上可能会弱化规模化养殖户提升养殖规模化水平，同时也可能会改善资金短缺状况。交通便利是一种区位优势，在一定程度上可能会激励规模化养殖户提升养殖规模化水平。加入产业化组织有利于提高组织化程度，实现产业化经营，在一定程度上可能会激励规模化养殖户提升养殖规模化水平，同时也可能会降低疫病风险认知与改善资金短缺状况。较易获取土地有赖于产业政策的坚实保障，因而是一种政策优势，在一定程度上可能会激励规模化养殖户提升养殖规模化水平。此外，本书还控制了省域固定效应。

6.2 回归结果分析

本书采用有序多分类 Logit 模型以最大似然估计法对式（6.1）、式（6.2）、式（6.3）、式（6.4）、式（6.5）、式（6.6）、式（6.7）、式（6.8）进行参数估计，并使用聚类稳健标准误的回归结果（表6.2与表6.3）。需要说明的是，在式（6.1）、式（6.2）、式（6.5）、式（6.8）中，被解释变量养殖规模化采用的是按小规模、中规模、大规模、超大规模对规模化养殖户实际年出栏生猪头数进行分组排序的离散型变量。

表6.2　重大疫病冲击下生猪规模化养殖宏观政策扶持的有序多分类 Logit 回归结果

项目		回归（1）	回归（2）	回归（3）	回归（4）
		养殖规模化（*Q*）	疫病风险认知（*R*）	资金短缺状况（*M*）	养殖规模化（*Q*）
解释变量	疫病风险认知（*R*）	—	—	—	0.460** （0.405）
	资金短缺状况（*M*）	—	—	—	0.350*** （0.199）
	扶持政策（*P*）	0.057*** （0.020）	0.014*** （0.019）	0.082*** （0.009）	0.117*** （0.085）
	疫病风险认知×扶持政策（*R*×*P*）	—	—	—	0.210** （0.085）
	资金短缺状况×扶持政策（*M*×*P*）	—	—	—	0.063*** （0.041）

续表

项目		回归（1）养殖规模化（Q）	回归（2）疫病风险认知（R）	回归（3）资金短缺状况（M）	回归（4）养殖规模化（Q）
控制变量	养殖标准化（S）	7.080*** (0.095)	—	—	7.109*** (0.098)
	户主年龄（HA）	0.024** (0.043)	0.004 (0.038)	—	0.023** (0.042)
	户主教育程度（HE）	0.124*** (0.032)	0.064** (0.030)	—	0.119*** (0.032)
	户主养殖年数（PY）	0.071* (0.064)	0.032 (0.057)	—	0.069* (0.064)
	户主健康状况（HS）	−0.099 (0.068)	—	—	−0.075 (0.068)
	户主培训经历（HT）	—	0.427*** (0.082)	—	—
	家庭兼业状况（MO）	0.001 (0.085)	—	0.136*** (0.037)	0.016 (0.086)
	交通便利性（TC）	0.209*** (0.038)	—	—	0.186*** (0.038)
	加入产业化组织状况（IO）	0.068* (0.092)	0.031 (0.082)	0.045 (0.039)	0.070* (0.092)
	获取土地的难易程度（AL）	0.088** (0.062)	—	—	0.074** (0.062)
省域固定效应		控制	控制	控制	控制
样本数量		12843	12843	12843	12843
卡方检验		5653.41***	97.92***	186.47***	5433.94***
对数似然值		−2546.5139	−2658.9612	−8348.0281	−2516.2786
伪决定系数		0.8489	0.0163	0.0116	0.8507

注　括号中数据为聚类稳健标准误，***、**、*分别表示在1%、5%、10%的统计水平上显著，“—”为缺省项；余同。

表 6.3　重大疫病冲击下生猪规模化养殖宏观政策扶持分类的有序多分类 Logit 回归结果

项目		回归（1）养殖规模化（Q）	回归（2）疫病风险认知（R）	回归（3）资金短缺状况（M）	回归（4）养殖规模化（Q）
解释变量	疫病风险认知（R）	—	—	—	0.451** (0.408)
	资金短缺状况（M）	—	—	—	0.391*** (0.200)
	直接扶持政策（P_1）	0.018** (0.036)	0.023*** (0.035)	0.042*** (0.016)	0.311** (0.150)

续表

项目		回归（1）	回归（2）	回归（3）	回归（4）
		养殖规模化（Q）	疫病风险认知（R）	资金短缺状况（M）	养殖规模化（Q）
解释变量	间接扶持政策（P_2）	0.078*** (0.026)	0.009*** (0.022)	0.102*** (0.011)	0.021*** (0.126)
	疫病风险认知×直接扶持政策（$R\times P_1$）	—	—	—	0.256* (0.146)
	疫病风险认知×间接扶持政策（$R\times P_2$）	—	—	—	0.183*** (0.123)
	资金短缺状况×直接扶持政策（$M\times P_1$）	—	—	—	0.132* (0.074)
	资金短缺状况×间接扶持政策（$M\times P_2$）	—	—	—	0.158*** (0.054)
控制变量	养殖标准化（S）	7.081*** (0.096)	—	—	7.119*** (0.098)
	户主年龄（HA）	0.023** (0.043)	0.004 (0.038)	—	0.020** (0.042)
	户主教育程度（HE）	0.123*** (0.032)	0.064** (0.030)	—	0.118*** (0.032)
	户主养殖年数（PY）	0.071* (0.064)	0.033 (0.057)	—	0.070* (0.064)
	户主健康状况（HS）	−0.097 (0.068)	—	—	−0.075 (0.068)
	户主培训经历（HT）	—	0.427*** (0.082)	—	—
	家庭兼业状况（MO）	0.001 (0.085)	—	0.136*** (0.037)	0.015 (0.086)
	交通便利性（TC）	0.208*** (0.038)	—	—	0.185*** (0.038)
	加入产业化组织状况（IO）	0.070* (0.092)	0.030 (0.082)	0.043 (0.039)	0.078* (0.092)
	获取土地的难易程度（AL）	0.090** (0.062)	—	—	0.078** (0.062)
省域固定效应		控制	控制	控制	控制
样本数量		12843	12843	12843	12843
卡方检验		5644.65***	98.03***	195.27***	5417.77***
对数似然值		−2545.6219	−2658.9118	−8343.2062	−2510.4869
伪决定系数		0.8489	0.0163	0.0121	0.8510

6.2.1 基准回归

表6.2中的回归（1）列出了式（6.1）的回归结果，表6.3中的回归（1）列出了式

(6.2) 的回归结果。扶持政策及其划分的直接扶持政策和间接扶持政策对养殖规模化均有正向的显著影响，说明非洲猪瘟疫病暴发后，实际受到来自政府政策扶持的力度越大，养殖规模化水平就越高。

6.2.2 内在机制

6.2.2.1 扶持政策对行为决策的影响

表6.2中的回归（2）与回归（3）分别列出了式（6.3）与式（6.4）的回归结果，表6.3中的回归（2）与回归（3）分别列出了式（6.6）与式（6.7）的回归结果。扶持政策及其划分的直接扶持政策和间接扶持政策对疫病风险认知均有正向的显著影响，对资金短缺状况也均有正向的显著影响，由此验证了假设4与假设5。这说明非洲猪瘟疫病暴发后，实际受到来自政府政策扶持的力度较大，就会认为补栏不再有疫病风险或不再因资金短缺而无力补栏。

6.2.2.2 扶持政策经由行为决策对养殖规模化的影响

表6.2中的回归（4）列出了式（6.5）的回归结果，表6.3中的回归（4）列出了式（6.8）的回归结果。与式（6.1）与式（6.2）的回归结果一致，扶持政策及其划分的直接扶持政策和间接扶持政策对养殖规模化均有正向的显著影响，由此验证了假设3。疫病风险认知和资金短缺状况对养殖规模化均有正向的显著影响，由此验证了假设1与假设2。这说明在非洲猪瘟疫病暴发后，政府对生猪养殖产业进行一系列政策扶持之时，认为补栏不再有疫病风险或不再因资金短缺而无力补栏，因而养殖规模化水平较高。根据式（6.1）、式（6.3）、式（6.4）的回归结果，在式（6.5）中设置疫病风险认知与扶持政策的交乘项和资金短缺状况与扶持政策的交乘项，且这两个交乘项的回归系数均显著为正。这表明，一方面，在控制了疫病风险认知和资金短缺状况之后，扶持政策对养殖规模化依然有着正向的显著影响；另一方面，如果把疫病风险认知或资金短缺状况纳入考虑，扶持政策对养殖规模化同样有着正向的显著影响。更进一步，将扶持政策划分为直接扶持政策和间接扶持政策后，根据式（6.2）、式（6.6）、式（6.7）的回归结果，在式（6.8）中设置疫病风险认知与直接扶持政策的交乘项、疫病风险认知与间接扶持政策的交乘项、资金短缺状况与直接扶持政策的交乘项、资金短缺状况与间接扶持政策的交乘项，且这4个交乘项的回归系数均显著为正。这表明，一方面，在控制了疫病风险认知和资金短缺状况之后，直接扶持政策和间接扶持政策对养殖规模化依然均有正向的显著影响；另一方面，如果把疫病风险认知或资金短缺状况纳入考虑，直接扶持政策和间接扶持政策对养殖规模化同样均有正向的显著影响。可见，扶持政策经由疫病风险认知或资金短缺状况对养殖规模化有着正向的显著影响，由此验证了推论1与推论2。

6.2.3 控制变量的影响

6.2.3.1 对养殖规模化的影响

表6.2与表6.3中的回归（1）与回归（4）均列出了控制变量对养殖规模化的影响，且各控制变量回归系数的符号和显著性在两表中均一致。养殖标准化、户主年龄、户主教育程度、户主养殖年数、交通便利性、加入产业化组织状况、获取土地的难易程度对养殖规模化均有正向的显著影响；户主健康状况与家庭兼业状况对养殖规模化均无显著影响。这说明，在非洲猪瘟疫病暴发后，政府对生猪养殖产业进行一系列政策扶持之时，养殖标

准化程度越高，其所决定的养殖规模化水平就越高；年龄越大则社会阅历越深，教育程度越高则认知能力越强，养殖年数越长则养殖经验越丰富，因而在非洲猪瘟疫病暴发后，政府对生猪养殖产业进行一系列政策扶持之时户主对有必要提升养殖规模化水平的认识就越透彻，养殖规模化水平相应也就越高；交通越便利则区位优势越明显，养殖规模化水平就越高；加入产业化组织有利于提高组织化程度，实现产业化经营，因而养殖规模化水平较高；较易获取土地有赖于产业政策的坚实保障，其政策优势越明显，养殖规模化水平就越高。

6.2.3.2 对行为决策的影响

表 6.2 与表 6.3 中的回归（2）均报告了控制变量对疫病风险认知的影响，且各控制变量回归系数的符号和显著性在两表中均一致。户主教育程度与户主培训经历对疫病风险认知均有正向的显著影响；户主年龄、户主养殖年数、加入产业化组织状况对疫病风险认知均无显著影响。这说明，教育程度越高则认知能力越强，有过培训经历则知识水平越高，因而在非洲猪瘟疫病暴发后，政府对生猪养殖产业进行一系列政策扶持之时，户主对客观上补栏不再有疫病风险的认识就越透彻。

表 6.2 与表 6.3 中的回归（3）均报告了控制变量对资金短缺状况的影响，且各控制变量回归系数的符号和显著性在两表中均一致。家庭兼业状况对资金短缺状况有着正向的显著影响，而加入产业化组织状况无显著影响。家庭兼业则说明家庭收入来源非单一化，在一定程度上可能会改善资金短缺状况。

6.3 稳健性检验

本书从调整核心解释变量这一方面检验表 6.2 中的回归结果的稳健性。

一般而言，评估政策效应主要是通过在计量经济模型中设置一个政策发生与否的虚拟变量并对其进行参数估计来实现的。鉴于此，本书将直接扶持政策重新定义为“非洲猪瘟疫病暴发后，户主所在的养殖户实际是否受到过来自政府的直接扶持政策”，将间接扶持政策重新定义为“非洲猪瘟疫病暴发后，户主所在的养殖户实际是否受到过来自政府的间接扶持政策”；此外，把非洲猪瘟疫病暴发后户主所在的养殖户实际没有受到过来自政府相应的扶持政策赋值为 0，把非洲猪瘟疫病暴发后户主所在的养殖户实际受到过来自政府相应的扶持政策赋值为 1。在此，仍采用有序多分类 Logit 模型，以最大似然估计法对式（6.1）、式（6.2）、式（6.3）、式（6.4）、式（6.5）、式（6.6）、式（6.7）、式（6.8）进行参数估计，并使用聚类稳健标准误的回归结果。表 6.4 显示，扶持政策在回归（1）与回归（4）中对养殖规模化的回归系数的显著性水平不一致，疫病风险认知与扶持政策的交乘项对养殖规模化的回归系数的显著性水平不一致，资金短缺状况与扶持政策的交乘项对养殖规模化的回归系数的显著性水平不一致，其余各解释变量回归系数的符号和显著性均与表 6.2 的回归结果一致。表 6.5 显示，直接扶持政策对疫病风险认知的回归系数的显著性水平不一致，直接扶持政策对资金短缺状况的回归系数的显著性水平不一致，间接扶持政策在回归（1）与回归（4）中对养殖规模化的回归系数的显著性水平不一致，间接扶持政策对疫病风险认知的回归系数的显著性水平不一致，疫病风险认知与直接扶持政策的交乘项对养殖规模化的回归系数的显著性水平不一致，资金短缺状况与直接扶持政策的交乘项对养殖规模化的回归系数的显著性水平不一致，资金短缺状况与间接扶持政策的交乘项对养殖规模化的回归系数的显著性水平不一致，其余各解释变量回归系数的符号和显著性均与表6.2的回归结果一致。表6.4与表6.5显示，各控制变量回归系数的符号和显著性均与表6.2的回归结果一致。可见，表6.2中的回归结果是稳健的。

表6.4　改变政策变量定义的重大疫病冲击下生猪规模化养殖宏观政策扶持的有序多分类Logit回归结果

项目		回归（1）	回归（2）	回归（3）	回归（4）
		养殖规模化（Q）	疫病风险认知（R）	资金短缺状况（M）	养殖规模化（Q）
解释变量	疫病风险认知（R）	—	—	—	1.325** (1.024)
	资金短缺状况（M）	—	—	—	0.496*** (0.600)
	扶持政策（P）	0.018** (0.318)	0.044*** (0.299)	0.127*** (0.138)	1.542** (1.054)
	疫病风险认知×扶持政策（$R\times P$）	—	—	—	1.776*** (1.045)
	资金短缺状况×扶持政策（$M\times P$）	—	—	—	0.143** (0.607)
控制变量	养殖标准化（S）	7.079*** (0.095)	—	—	7.102*** (0.097)
	户主年龄（HA）	0.027** (0.043)	0.005 (0.038)	—	0.026** (0.042)
	户主教育程度（HE）	0.125*** (0.032)	0.065** (0.030)	—	0.122*** (0.031)
	户主养殖年数（PY）	0.073* (0.064)	0.034 (0.057)	—	0.071* (0.064)
	户主健康状况（HS）	−0.103 (0.069)	—	—	−0.079 (0.068)
	户主培训经历（HT）	—	0.428*** (0.082)	—	—
	家庭兼业状况（MO）	0.002 (0.085)	—	0.141*** (0.037)	0.017 (0.085)
	交通便利性（TC）	0.210*** (0.038)	—	—	0.187*** (0.038)
	加入产业化组织状况（IO）	0.061* (0.092)	0.028 (0.082)	0.056 (0.039)	0.063* (0.092)
	获取土地的难易程度（AL）	0.086** (0.062)	—	—	0.073** (0.061)
省域固定效应		控制	控制	控制	控制

续表

项目	回归（1）养殖规模化（Q）	回归（2）疫病风险认知（R）	回归（3）资金短缺状况（M）	回归（4）养殖规模化（Q）
样本数量	12843	12843	12843	12843
卡方检验	5686.97***	98.04***	107.60***	5462.82***
对数似然值	−2550.2659	−2659.203	−8389.7205	−2521.4357
伪决定系数	0.8486	0.0162	0.0066	0.8503

表 6.5　改变政策变量定义的重大疫病冲击下生猪规模化养殖宏观政策扶持分类的有序多分类 Logit 回归结果

项目		回归（1）养殖规模化（Q）	回归（2）疫病风险认知（R）	回归（3）资金短缺状况（M）	回归（4）养殖规模化（Q）
解释变量	疫病风险认知（R）	—	—	—	0.287** (1.020)
	资金短缺状况（M）	—	—	—	0.214*** (0.373)
	直接扶持政策（P_1）	0.141** (0.107)	0.224** (0.091)	0.085* (0.045)	0.035** (0.501)
	间接扶持政策（P_2）	0.204** (0.156)	0.267** (0.162)	0.003*** (0.070)	0.073** (1.001)
	疫病风险认知×直接扶持政策（$R\times P_1$）	—	—	—	0.030** (0.485)
	疫病风险认知×间接扶持政策（$R\times P_2$）	—	—	—	0.724*** (0.952)
	资金短缺状况×直接扶持政策（$M\times P_1$）	—	—	—	0.216** (0.218)
	资金短缺状况×间接扶持政策（$M\times P_2$）	—	—	—	0.638* (0.346)
控制变量	养殖标准化（S）	7.081*** (0.095)	—	—	7.107*** (0.098)
	户主年龄（HA）	0.027** (0.043)	0.004 (0.038)	—	0.026** (0.042)
	户主教育程度（HE）	0.126*** (0.032)	0.065** (0.030)	—	0.121*** (0.032)
	户主养殖年数（PY）	0.070* (0.064)	0.037 (0.057)	—	0.068* (0.064)
	户主健康状况（HS）	−0.103 (0.069)	—	—	−0.076 (0.069)
	户主培训经历（HT）	—	0.425*** (0.082)	—	—

续表

项目		回归（1）	回归（2）	回归（3）	回归（4）
		养殖规模化（Q）	疫病风险认知（R）	资金短缺状况（M）	养殖规模化（Q）
控制变量	家庭兼业状况（MO）	0.002 (0.085)	—	0.141*** (0.037)	0.016 (0.086)
	交通便利性（TC）	0.209*** (0.038)	—	—	0.185*** (0.038)
	加入产业化组织状况（IO）	0.065* (0.092)	0.031 (0.082)	0.054 (0.039)	0.069* (0.092)
	获取土地的难易程度（AL）	0.087** (0.062)	—	—	0.074** (0.062)
省域固定效应		控制	控制	控制	控制
样本数量		12843	12843	12843	12843
卡方检验		5673.68***	106.33***	110.35***	5436.47***
对数似然值		−2548.5505	−2654.8897	−8388.3569	−2518.0939
伪决定系数		0.8487	0.0178	0.0068	0.8505

在应对非洲猪瘟疫病冲击的生猪规模化养殖扶持政策中，“取消非法生猪禁限养规定”与“取消生猪生产附属设施用地15亩上限”虽然是两项重要的稳产保供间接扶持政策，但对规模化养殖户的疫病风险认知和资金短缺状况两大行为决策因素都无直接影响，本质上均属于政府的矫正行为。因此，本书将这两项解禁政策从13项扶持政策中析出并纳入计量经济模型的解释变量中。同时，用 P_i' 表示第 i 个规模化养殖户实际受到的扶持政策（无解禁政策）项数（力度），取值区间为0～11；用 P_{3i} 表示第 i 个规模化养殖户实际受到的间接扶持政策（无解禁政策）项数（力度），取值区间为0～7；用 P_{0i} 表示第 i 个规模化养殖户实际受到的解禁政策项数（力度），取值区间为0～2。在此，仍采用有序多分类Logit模型，以最大似然估计法对式（6.1）、式（6.2）、式（6.3）、式（6.4）、式（6.5）、式（6.6）、式（6.7）、式（6.8）进行参数估计，并使用聚类稳健标准误的回归结果。

表6.6列出了将解禁政策从13项扶持政策中析出并纳入计量经济模型的解释变量之后式（6.1）、式（6.3）、式（6.4）、式（6.5）的回归结果。表6.7列出了将解禁政策从13项扶持政策中析出并纳入计量经济模型的解释变量之后式（6.2）、式（6.6）、式（6.7）、式（6.8）的回归结果。解禁政策对养殖规模化有着正向的显著影响，对疫病风险认知和资金短缺状况也都有正向的显著影响。根据式（6.1）、式（6.3）、式（6.4）的回归结果，在式（6.5）中设置疫病风险认知与解禁政策的交乘项和资金短缺状况与解禁政策的交乘项，且这两个交乘项的回归系数均显著为正。更进一步，将扶持政策划分为直接扶持政策和间接扶持政策后，根据式（6.2）、式（6.6）、式（6.7）的回归结果，在式（6.8）中设置疫病风险认知与解禁政策的交乘项和资金短缺状况与解禁政策的交乘项，且这两个交乘项的回归系数均显著为正。这表明，一方面，在控制了疫病风险认知和资金短

缺状况之后，解禁政策对养殖规模化依然有着正向的显著影响；另一方面，如果把疫病风险认知或资金短缺状况纳入考虑，解禁政策对养殖规模化同样有着正向的显著影响。可见，解禁政策经由疫病风险认知或资金短缺状况对养殖规模化有着正向的显著影响。

表 6.6 与表 6.7 显示，资金短缺状况在回归（4）中对养殖规模化的回归系数的显著性水平不一致，扶持政策（无解禁政策）在回归（1）与回归（4）中对养殖规模化的回归系数的显著性水平均不一致，其余各解释变量回归系数的符号和显著性均与表 6.2 的回归结果一致。表 6.6 显示，户主年龄在回归（1）与回归（4）中对养殖规模化的回归系数的显著性水平均不一致，加入产业化组织状况在回归（1）与回归（4）中对养殖规模化的回归系数的显著性水平均不一致，获取土地的难易程度在回归（1）与回归（4）中对养殖规模化的回归系数的显著性水平均不一致，其余各控制变量回归系数的符号和显著性均与表 6.2 的回归结果一致。表 6.7 显示，户主养殖年数在回归（1）与回归（4）中对养殖规模化的回归系数的显著性水平均不一致，加入产业化组织状况在回归（1）与回归（4）中对养殖规模化的回归系数的显著性水平均不一致，其余各控制变量回归系数的符号和显著性均与表 6.2 的回归结果一致。可见，表 6.2 中的回归结果是稳健的。

表 6.6　析出解禁政策的重大疫病冲击下生猪规模化养殖宏观政策扶持的有序多分类 Logit 回归结果

项目		回归（1）	回归（2）	回归（3）	回归（4）
		养殖规模化（Q）	疫病风险认知（R）	资金短缺状况（M）	养殖规模化（Q）
解释变量	疫病风险认知（R）	—	—	—	0.507** （0.408）
	资金短缺状况（M）	—	—	—	0.376* （0.200）
	扶持政策（无解禁政策）（P'）	0.054** （0.021）	0.013*** （0.019）	0.086*** （0.009）	0.097** （0.083）
	解禁政策（P_0）	0.148* （0.105）	0.039** （0.101）	0.026** （0.047）	0.859* （0.480）
	疫病风险认知×扶持政策（无解禁政策）（$R\times P'$）	—	—	—	0.195** （0.082）
	疫病风险认知×解禁政策（$R\times P_0$）	—	—	—	0.773* （0.459）
	资金短缺状况×扶持政策（无解禁政策）（$M\times P'$）	—	—	—	0.082*** （0.042）
	资金短缺状况×解禁政策（$M\times P_0$）	—	—	—	0.445** （0.224）
控制变量	养殖标准化（S）	7.081*** （0.095）	—	—	7.122*** （0.098）
	户主年龄（HA）	0.024* （0.043）	0.004 （0.038）	—	0.022* （0.042）
	户主教育程度（HE）	0.123*** （0.032）	0.064** （0.030）	—	0.119*** （0.032）

续表

项目		回归（1）	回归（2）	回归（3）	回归（4）
		养殖规模化（Q）	疫病风险认知（R）	资金短缺状况（M）	养殖规模化（Q）
控制变量	户主养殖年数（PY）	0.071* (0.064)	0.032 (0.057)	—	0.069* (0.064)
	户主健康状况（HS）	−0.098 (0.068)	—	—	−0.073 (0.068)
	户主培训经历（HT）	—	0.427*** (0.082)	—	—
	家庭兼业状况（MO）	0.000 (0.085)	—	0.135*** (0.037)	0.012 (0.086)
	交通便利性（TC）	0.209*** (0.038)	—	—	0.187*** (0.038)
	加入产业化组织状况（IO）	0.071** (0.092)	0.031 (0.083)	0.048 (0.039)	0.071** (0.092)
	获取土地的难易程度（AL）	0.088* (0.062)	—	—	0.073* (0.062)
省域固定效应		控制	控制	控制	控制
样本数量		12843	12843	12843	12843
卡方检验		5659.26***	98.00***	191.78***	5426.47***
对数似然值		−2546.1383	−2658.9275	−8345.2615	−2512.4576
伪决定系数		0.8489	0.0163	0.0119	0.8509

表6.7　析出解禁政策的重大疫病冲击下生猪规模化养殖宏观政策扶持分类的有序多分类Logit回归结果

项目		回归（1）	回归（2）	回归（3）	回归（4）
		养殖规模化（Q）	疫病风险认知（R）	资金短缺状况（M）	养殖规模化（Q）
解释变量	疫病风险认知（R）	—	—	—	0.500** (0.409)
	资金短缺状况（M）	—	—	—	0.428** (0.200)
	直接扶持政策（P_1）	0.018*** (0.036)	0.023*** (0.035)	0.041*** (0.016)	0.325*** (0.151)
	间接扶持政策（无解禁政策）（P_3）	0.073*** (0.027)	0.008*** (0.023)	0.109*** (0.011)	0.025*** (0.129)
	解禁政策（P_0）	0.146* (0.105)	0.040** (0.101)	0.029** (0.047)	0.878* (0.477)
	疫病风险认知×直接扶持政策（$R \times P_1$）	—	—	—	0.268* (0.147)
	疫病风险认知×间接扶持政策（无解禁政策）（$R \times P_3$）	—	—	—	0.152*** (0.127)

续表

项目		回归（1）	回归（2）	回归（3）	回归（4）
		养殖规模化（Q）	疫病风险认知（R）	资金短缺状况（M）	养殖规模化（Q）
解释变量	疫病风险认知×解禁政策（$R\times P_0$）	—	—	—	0.784* (0.457)
	资金短缺状况×直接扶持政策（$M\times P_1$）	—	—	—	0.138* (0.074)
	资金短缺状况×间接扶持政策（无解禁政策）（$M\times P_3$）	—	—	—	0.196*** (0.056)
	资金短缺状况×解禁政策（$M\times P_0$）	—	—	—	0.459** (0.224)
控制变量	养殖标准化（S）	7.081*** (0.096)	—	—	7.136*** (0.099)
	户主年龄（HA）	0.023** (0.043)	0.004 (0.038)	—	0.019** (0.042)
	户主教育程度（HE）	0.123*** (0.032)	0.064** (0.030)	—	0.117*** (0.032)
	户主养殖年数（PY）	0.071** (0.064)	0.033 (0.057)	—	0.069** (0.064)
	户主健康状况（HS）	−0.097 (0.068)	—	—	−0.073 (0.068)
	户主培训经历（HT）	—	0.428*** (0.082)	—	—
	家庭兼业状况（MO）	0.000 (0.085)	—	0.134*** (0.037)	0.012 (0.086)
	交通便利性（TC）	0.209*** (0.038)	—	—	0.186*** (0.038)
	加入产业化组织状况（IO）	0.072** (0.092)	0.031 (0.083)	0.047 (0.039)	0.079** (0.092)
	获取土地的难易程度（AL）	0.090** (0.062)	—	—	0.076** (0.062)
省域固定效应		控制	控制	控制	控制
样本数量		12843	12843	12843	12843
卡方检验		5651.79***	98.06***	203.09***	5409.74***
对数似然值		−2545.4007	−2658.8624	−8339.0842	−2505.3056
伪决定系数		0.8489	0.0163	0.0126	0.8513

6.4 结论

本书利用大样本分区域抽样调查数据，实证考察非洲猪瘟疫病冲击下扶持政策及其划分的直接扶持政策和间接扶持政策对生猪规模化养殖的影响、对规模化养殖户的疫病风险认知和资金短缺状况两大行为决策因素的影响，以及经由规模化养殖户的这两大行为决策因素对生猪规模化养殖的影响。

通过对重大疫病冲击下生猪规模化养殖的宏观政策扶持进行研究发现：①非洲猪瘟疫病冲击下，生猪规模化养殖政策扶持力度与受到扶持的规模化养殖户的养殖规模正相关；②非洲猪瘟疫病冲击下，生猪规模化养殖政策扶持力度与受到扶持的规模化养殖户的疫病风险认知和资金短缺状况均正相关；③非洲猪瘟疫病冲击下，生猪规模化养殖政策扶持力度经由受到扶持的规模化养殖户的疫病风险认知与其养殖规模正相关，经由受到扶持的规模化养殖户的资金短缺状况与其养殖规模正相关。这些结论在将扶持政策划分的直接扶持政策和间接扶持政策同时进行考察的回归结果中得到了证实，也都从改变政策变量定义的回归结果与析出解禁政策的回归结果中得到了证实。

第7章 重大疫病冲击下生猪规模化养殖扶持政策接受程度的内在决定机制识别

与现有文献侧重于对政策实施之后基于当时事实判断效果的政策满意程度进行考察不同，本书侧重于对政策实施之前基于以往事实推测效果的政策接受程度进行探讨。为促进生猪规模化养殖，窥视规模化养殖户的主观意愿以对生猪规模化养殖扶持政策的合理性进行必要考量，是宏观政策扶持与微观行为决策两者之间实现有机联系的关键环节。

7.1 模型建构与变量说明

7.1.1 模型建构

本书采用有序多分类 Logit 模型考察政策工具属性经由干预对象属性决定规模化养殖户对生猪规模化养殖扶持政策的接受程度。

首先，为检验涉及透明程度评价与公平程度评价的政策工具属性对包括直接扶持政策和间接扶持政策在内的生猪规模化养殖扶持政策的接受程度的影响，构建计量经济模型为

$$APS_i=\rho_{10}+\rho_{11}ET_i+\rho_{12}EF_i+\sum\upsilon_{1k}Z_{ki}+\sigma_1 \tag{7.1}$$

$$APBS_i=\rho_{20}+\rho_{21}ET_i+\rho_{22}EF_i+\sum\upsilon_{2k}Z_{ki}+\sigma_2 \tag{7.2}$$

式中：APS_i 与 $APBS_i$ 分别为第 i 个规模化养殖户对直接扶持政策的接受程度和对间接扶持政策的接受程度；ET_i 与 EF_i 分别为第 i 个规模化养殖户对以往生猪规模化养殖扶持政策的透明程度评价和公平程度评价；Z_{ki} 为第 i 个规模化养殖户的一组控制变量；ρ 为待估参数；υ 为参数向量；σ 为随机扰动项。

其次，为进一步探求政策工具属性影响生猪规模化养殖扶持政策接受程度的内在机制，构建计量经济模型为

$$VO_i=\rho_{30}+\rho_{31}ET_i+\rho_{32}EF_i+\sum\upsilon_{3k}Z_{ki}+\sigma_3 \tag{7.3}$$

$$ST_i=\rho_{40}+\rho_{41}ET_i+\rho_{42}EF_i+\sum\upsilon_{4k}Z_{ki}+\sigma_4 \tag{7.4}$$

$$\begin{aligned}APS_i=&\rho_{50}+\rho_{51}VO_i+\rho_{52}ST_i+\rho_{53}ET_i+\rho_{54}EF_i+\rho_{55}VO_iET_i\\&+\rho_{56}VO_iEF_i+\rho_{57}ST_iET_i+\rho_{58}ST_iEF_i+\sum\upsilon_{5k}Z_{ki}+\sigma_5\end{aligned} \tag{7.5}$$

$$\begin{aligned}APBS_i=&\rho_{60}+\rho_{61}VO_i+\rho_{62}ST_i+\rho_{63}ET_i+\rho_{64}EF_i+\rho_{65}VO_iET_i\\&+\rho_{66}VO_iEF_i+\rho_{67}ST_iET_i+\rho_{68}ST_iEF_i+\sum\upsilon_{6k}Z_{ki}+\sigma_6\end{aligned} \tag{7.6}$$

式中：VO_i 与 ST_i 分别为第 i 个规模化养殖户的价值取向水平和社会信心水平。

其中，式（7.3）检验政策工具属性对干预对象的价值取向属性的影响，式（7.4）检验政策工具属性对干预对象的社会信心属性的影响；式（7.5）与式（7.6）检验政策工具属性是否经由干预对象属性作用于生猪规模化养殖扶持政策接受程度。

在式（7.1）与式（7.3）中，若回归系数 ρ_{11} 与 ρ_{31} 均显著，则在式（7.5）中设置交乘项 VO_iET_i；若回归系数 ρ_{12} 与 ρ_{32} 均显著，则在式（7.5）中设置交乘项 VO_iEF_i。在式（7.1）与式（7.4）中，若回归系数 ρ_{11} 与 ρ_{41} 均显著，则在式（7.5）中设置交乘项 ST_iET_i；若回归系数 ρ_{12} 与 ρ_{42} 均显著，则在式（7.5）中设置交乘项 ST_iEF_i。在式（7.2）与式（7.3）中，若回归系数 ρ_{21} 与 ρ_{31} 均显著，则在式（7.6）中设置交乘项 VO_iET_i；若回归系数 ρ_{22} 与 ρ_{32} 均显著，则在式（7.6）中设置交乘项 VO_iEF_i。在式（7.2）与式（7.4）中，若回归系数 ρ_{21} 与 ρ_{41} 均显著，则在式（7.6）中设置交乘项 ST_iET_i；若回归系数 ρ_{22} 与 ρ_{42} 均显著，则在式（7.6）中设置交乘项 ST_iEF_i。

若回归系数 ρ_{11} 与 ρ_{21} 均显著为正且回归系数 ρ_{53} 与 ρ_{63} 均显著为正，则假设6得到验证。若回归系数 ρ_{12} 与 ρ_{22} 均显著为正且回归系数 ρ_{54} 与 ρ_{64} 均显著为正，则假设7得到验证。若回归系数 ρ_{51} 与 ρ_{61} 均显著为正，则假设8得到验证。若回归系数 ρ_{52} 与 ρ_{62} 均显著为正，则假设9得到验证。若回归系数 ρ_{31}、ρ_{32}、ρ_{41}、ρ_{42} 均显著为正，则假设10、假设11、假设12、假设13分别得到验证。若回归系数 ρ_{55} 与 ρ_{65} 均显著为正，则推论3得到验证。若回归系数 ρ_{56} 与 ρ_{66} 均显著为正，则推论4得到验证。若回归系数 ρ_{57} 与 ρ_{67} 均显著为正，则推论5得到验证。若回归系数 ρ_{58} 与 ρ_{68} 均显著为正，则推论6得到验证。

7.1.2 变量说明

本书在调查问卷中设置相应的问题，对计量经济模型中的被解释变量与解释变量进行调查并赋值（表7.1）。显然，涉及透明程度评价与公平程度评价的政策工具属性和涉及价值取向水平与社会信心水平的干预对象属性作为规模化养殖户的两组常态化的主观概念，是包括直接扶持政策和间接扶持政策在内的生猪规模化养殖扶持政策的接受程度的重要外生因素。同时，涉及透明程度评价与公平程度评价的政策工具属性又是涉及价值取向水平与社会信心水平的干预对象属性的重要外生因素。因此，实证结果受内生性问题特别是双向因果偏误的干扰很小。

表7.1　重大疫病冲击下生猪规模化养殖扶持政策接受程度内在决定机制的计量经济模型变量及其定义

变　量		定　义
被解释变量/解释变量	直接扶持政策接受程度（APS）	非洲猪瘟疫病暴发后，在实际受到来自政府的直接扶持政策之前，户主的接受程度：不能接受=1，很难接受=2，勉强接受=3，比较接受=4，十分接受=5
	间接扶持政策接受程度（APBS）	非洲猪瘟疫病暴发后，在实际受到来自政府的间接扶持政策之前，户主的接受程度：不能接受=1，很难接受=2，勉强接受=3，比较接受=4，十分接受=5
	价值取向水平（VO）	户主认为的政府对生猪养殖产业所应有的作为：自由放任=1，轻微调控=2，一般干预=3，强化管制=4，计划统筹=5
	社会信心水平（ST）	户主对有利于生猪养殖产业健康发展的社会系统正常运转的信心：毫无信心=1，较无信心=2，有点信心=3，较有信心=4，很有信心=5
	透明程度评价（ET）	户主认为的政府以往的生猪规模化养殖扶持政策的透明程度：很不透明=1，较不透明=2，不太清楚=3，比较透明=4，非常透明=5
	公平程度评价（EF）	户主认为的政府以往的生猪规模化养殖扶持政策的公平程度：很不公平=1，较不公平=2，不太清楚=3，比较公平=4，非常公平=5

续表

变量		定义
控制变量	户主年龄（HA）	户主的年龄（分类值）：29岁及以下=1，30～39岁=2，40～49岁=3，50～59岁=4，60岁及以上=5
	户主教育程度（HE）	户主的学历：小学未毕业=1，小学毕业=2，初中毕业=3，高中毕业=4，大专毕业=5，本科毕业=6，研究生毕业=7
	户主养殖年数（PY）	户主从事养猪的年数（分类值，未满1年计为1年）：1～9年=1，10～19年=2，20～29年=3，30年及以上=4
	户主培训经历（HT）	户主是否参加过有关生猪养殖的指导或培训：否=0，是=1
	家庭兼业状况（MO）	户主所在的家庭是否兼业：否=0，是=1
	加入产业化组织状况（IO）	户主所在的养殖户是否与生猪养殖产业化组织签订了合同：否=0，是=1
	获取土地的难易程度（AL）	户主所在的养殖户获取生猪养殖用地的难易程度：较难=1，一般=2，容易=3

本书选取7个主要控制变量并对其赋值（表7.1）。从现有的研究结果来看，年龄（丁文强等，2019；周升强等，2019；张静等，2020）、教育程度（王丽佳等，2019；周升强等，2019；张静等，2020）、养猪年限（廖翼等，2013）是与畜牧业相关的政策满意程度的3个重要影响因素。因此，将户主年龄、户主教育程度、户主养殖年数这3个因素纳为计量经济模型的控制变量。此外，根据生猪养殖产业存在的具体特征与涉及的实际情况，还需纳入户主培训经历、家庭兼业状况、加入产业化组织状况、获取土地的难易程度这4个因素。理论上，对规模化养殖户户主个人而言，年龄越大则社会阅历越深，教育程度越高则认知能力越强，养殖年数越长则养殖经验越丰富，有过培训经历则知识水平越高。户主年龄、户主教育程度、户主养殖年数、户主培训经历这4个因素对规模化养殖户接受生猪规模化养殖扶持政策的意愿，以及对涉及价值取向水平与社会信心水平的干预对象属性可能有一定的作用，但作用方向事先并不明确。家庭兼业则说明家庭收入来源非单一化，在一定程度上可能会弱化规模化养殖户接受生猪规模化养殖扶持政策的意愿；同时，家庭兼业也说明家庭从业形式非单一化，有可能反映了市场的价值取向水平与较低的社会信心水平。加入产业化组织有可能从侧面反映了规模化养殖户接受生猪规模化养殖扶持政策的较强意愿，同时也有可能反映了市场的价值取向水平与较高的社会信心水平。较易获取土地有赖于产业政策的坚实保障，因而在一定程度上可能会强化规模化养殖户接受生猪规模化养殖扶持政策的意愿，同时也有可能反映了计划的价值取向水平与较高的社会信心水平。此外，除分省域异质性分析外，本书还控制了省域固定效应。

7.2 描述统计分析

在直接扶持政策接受程度与间接扶持政策接受程度这两个变量的定义中，将勉强接受、比较接受、十分接受这3种类型归总定义为愿意接受，将不能接受与很难接受这两种类型归总定义为不愿接受。

直接扶持政策接受程度的样本统计结果显示，勉强接受、比较接受、十分接受的共有12412个，占比为96.64%；不能接受与很难接受的共有431个，占比为3.36%。可见，非洲猪瘟疫病暴发后，绝大多数规模化生猪养殖户在实际接受到政策扶持之前，愿意接受来自政府的直接扶持政策。然而，直接扶持政策的样本统计结果显示，实际接受到直接扶持政策的有10124个，占比为78.83%；实际未接受到直接扶持政策的有2719个，占比为21.17%。显然，实际接受到直接扶持政策的个数占比相对愿意接受直接扶持政策的个数占比要低17.81%。此外，愿意接受且实际接受到直接扶持政策的个数占比为76.22%。进一步对实际未接受到直接扶持政策的2719个样本的直接扶持政策接受程度进行统计，结果显示，勉强接受、比较接受、十分接受的共有2623个，占比为96.47%；不能接受与很难接受的共有96个，占比为3.53%。此外，愿意接受直接扶持政策的个数中有21.13%实际未接受到直接扶持政策，即有78.87%实际接受到直接扶持政策；不愿接受直接扶持政策的个数中有22.27%实际未接受到直接扶持政策。

间接扶持政策接受程度的样本统计结果显示，勉强接受、比较接受、十分接受的共有11707个，占比为91.15%；不能接受与很难接受的共有1136个，占比为8.85%。可见，非洲猪瘟疫病暴发后，绝大多数规模化生猪养殖户在实际接受到之前，愿意接受来自政府的间接扶持政策。然而，间接扶持政策的样本统计结果显示，实际接受到间接扶持政策的有11868个，占比为92.41%；实际未接受到间接扶持政策的有975个，占比为7.59%。显然，实际接受到间接扶持政策的个数占比相对愿意接受间接扶持政策的个数占比要高1.26%。此外，愿意接受且实际接受到间接扶持政策的个数占比为84.12%。进一步对实际未接受到间接扶持政策的975个样本的间接扶持政策接受程度进行统计，结果显示，勉强接受、比较接受、十分接受的共有903个，占比为92.62%；不能接受与很难接受的共有72个，占比为7.38%。此外，愿意接受间接扶持政策的个数中有7.71%实际未接受到间接扶持政策，即有92.29%实际接受到间接扶持政策；不愿接受间接扶持政策的个数中有6.34%实际未接受到间接扶持政策。

总体上，根据对样本中愿意接受扶持政策的个数占比与愿意接受的样本中实际接受到的个数占比这两个指标进行的考量可知，生猪规模化养殖扶持政策是合理的。实地访谈中了解到，那些意愿与事实相悖的规模化养殖户，愿意接受但实际未接受到生猪规模化养殖扶持政策基本是因为不符合受惠资格，而不愿接受但实际接受到生猪规模化养殖扶持政策却大都是为政策利好所吸引。所以从事后的角度来看，若不设受惠门槛，绝大多数规模化养殖户是愿意接受生猪规模化养殖扶持政策的。

7.3 回归结果分析

本书采用有序多分类Logit模型，以最大似然估计法对式（7.1）～式（7.6）进行参数估计，并使用聚类稳健标准误的回归结果（表7.2）。

表 7.2　重大疫病冲击下生猪规模化养殖扶持政策接受程度内在决定机制的有序多分类 Logit 回归结果

项目		回归（1）	回归（2）	回归（3）	回归（4）	回归（5）	回归（6）
		直接扶持政策接受程度（APS）	间接扶持政策接受程度（APBS）	价值取向水平（VO）	社会信心水平（ST）	直接扶持政策接受程度（APS）	间接扶持政策接受程度（APBS）
解释变量	价值取向水平（VO）	—	—	—	—	0.015 (0.055)	0.021 (0.015)
	社会信心水平（ST）	—	—	—	—	0.001 (0.015)	0.015 (0.014)
	透明程度评价（ET）	0.057*** (0.016)	0.006 (0.016)	−0.064*** (0.015)	0.011 (0.015)	0.098** (0.047)	0.006 (0.016)
	公平程度评价（EF）	0.045*** (0.016)	−0.014 (0.016)	−0.014 (0.016)	−0.009 (0.015)	0.045*** (0.016)	−0.013 (0.016)
	价值取向水平×透明程度评价（VO×ET）	—	—	—	—	−0.014 (0.015)	—
	价值取向水平×公平程度评价（VO×EF）	—	—	—	—	—	—
	社会信心水平×透明程度评价（ST×ET）	—	—	—	—	—	—
	社会信心水平×公平程度评价（ST×EF）	—	—	—	—	—	—
控制变量	户主年龄（HA）	0.020 (0.017)	0.031* (0.016)	0.064*** (0.016)	−0.021 (0.015)	0.021 (0.017)	0.030* (0.016)
	户主教育程度（HE）	0.004 (0.013)	0.006 (0.012)	0.021* (0.012)	−0.011 (0.012)	0.005 (0.013)	0.006 (0.012)
	户主养殖年数（PY）	0.005 (0.025)	−0.041* (0.024)	−0.066*** (0.024)	0.039 (0.024)	0.004 (0.025)	−0.040 (0.024)
	户主培训经历（HT）	0.023 (0.034)	0.105*** (0.032)	−0.531*** (0.034)	0.087*** (0.032)	0.013 (0.035)	0.112*** (0.033)
	家庭兼业状况（MO）	0.038 (0.034)	−0.011 (0.032)	−0.313*** (0.032)	0.021 (0.032)	0.031 (0.034)	−0.007 (0.032)
	加入产业化组织状况（IO）	0.003 (0.036)	0.175*** (0.035)	−0.160*** (0.034)	0.101*** (0.033)	−0.001 (0.036)	0.177*** (0.035)
	获取土地的难易程度（AL）	−0.088*** (0.025)	0.075*** (0.024)	0.065*** (0.022)	−0.005 (0.024)	−0.086*** (0.025)	0.074*** (0.024)
省域固定效应		控制	控制	控制	控制	控制	控制
样本数量		12843	12843	12843	12843	12843	12843
卡方检验		37.90***	49.66***	483.61***	21.73***	43.78***	52.35***
对数似然值		−13628.144	−17105.974	−18610.72	−19430.905	−13625.17	−17104.416
伪决定系数		0.0014	0.0015	0.0125	0.0006	0.0016	0.0016

注　括号中数据为聚类稳健标准误，***、**、*分别表示在1%、5%、10%的统计水平上显著，“—”为缺省项；余同。

7.3.1 基准回归

表7.2中的回归（1）与回归（2）分别列出了式（7.1）与式（7.2）的回归结果。透明程度评价与公平程度评价对直接扶持政策接受程度均有正向的显著影响，但对间接扶持政策接受程度均无显著影响。原因在于，较之间接作用于生产的扶持政策，规模化生猪养殖户对直接作用于生产的扶持政策具有更高的关注程度，使得主观评价能够左右接受意愿。这在对生猪规模化养殖扶持政策进行功能分类后明显可见。对直接扶持政策而言，政策工具被认为越透明或越公平，其接受程度就越高；对间接扶持政策而言，政策工具被认为透明或公平与否，其接受程度并不受影响。

7.3.2 内在机制

7.3.2.1 政策工具属性对干预对象属性的影响

表7.2中的回归（3）与回归（4）分别列出了式（7.3）与式（7.4）的回归结果。透明程度评价对价值取向水平有着负向的显著影响，这与假设10相悖。原因很可能在于，政策工具被认为越透明，政策倾向在主观上就越明朗，对政策工具能够平等提供市场竞争机会的诉求也就越高，从而使得规模化生猪养殖户的计划倾向被削弱。如近些年来国内各级各地出台的生猪规模化养殖扶持政策尽管做到了公开透明，但其内容基本倾向于惠及较少数量的超大规模与大规模养殖户，而将为数众多的中小规模养殖户排斥在外。此外，公平程度评价对价值取向水平没有显著影响，且透明程度评价与公平程度评价对社会信心水平均无显著影响，即无法验证假设11、假设12、假设13。

7.3.2.2 政策工具属性经由干预对象属性对扶持政策接受程度的影响

表7.2中的回归（5）与回归（6）分别列出了式（7.5）与式（7.6）的回归结果。与基准回归结果一致，透明程度评价与公平程度评价对直接扶持政策接受程度均有正向的显著影响，但对间接扶持政策接受程度均无显著影响。这在一定程度上但并不完全地验证了假设6与假设7。价值取向水平与社会信心水平对直接扶持政策接受程度均无显著影响，对间接扶持政策接受程度也均无显著影响，即无法验证假设8与假设9。根据式（7.1）～式（7.4）的回归结果，只能在式（7.5）中设置价值取向水平与透明程度评价的交乘项，即无法验证推论4、推论5、推论6；而价值取向水平与透明程度评价的交乘项的回归系数并不显著，也即无法验证推论3。

7.3.3 控制变量的影响

7.3.3.1 对扶持政策接受程度的影响

表7.2中的回归（1）与回归（5）列出了控制变量对直接扶持政策接受程度的影响：获取土地的难易程度对直接扶持政策接受程度有着负向的显著影响，户主年龄、户主教育程度、户主养殖年数、户主培训经历、家庭兼业状况、加入产业化组织状况对直接扶持政策接受程度均无显著影响。

表7.2中的回归（2）与回归（6）列出了控制变量对间接扶持政策接受程度的影响：户主年龄、户主培训经历、加入产业化组织状况、获取土地的难易程度对间接扶持政策接受程度均有正向的显著影响；户主养殖年数在回归（2）中对间接扶持政策接受程度有着正向的显著影响，在回归（6）中对间接扶持政策接受程度没有显著影响；户主教育程度与家庭兼业状况对间接扶持政策接受程度均无显著影响。

控制变量对生猪规模化养殖扶持政策接受程度的影响因扶持政策的功能分类而有所差异。年龄越大则社会阅历越深，有过培训经历则知识水平越高，因而对政策工具多样的间接扶持政策的认识就越透彻，对其接受程度也就越高；而年龄大小、是否有过培训经历并不影响对政策工具不多的直接扶持政策的认识。加入产业化组织有利于用足用活政策工具多样的间接扶持政策，因而对其接受程度较高；而是否加入产业化组织并不影响对政策工具不多的直接扶持政策的利用。较易获取土地有赖于间接扶持政策的坚实保障，因而对其接受程度较高；较难获取土地则转而对直接扶持政策有所诉求，因而对其接受程度较高。

7.3.3.2 对干预对象属性的影响

表 7.2 中的回归（3）列出了控制变量对价值取向水平的影响：户主年龄、户主教育程度、获取土地的难易程度对价值取向水平均有正向的显著影响，户主养殖年数、户主培训经历、家庭兼业状况、加入产业化组织状况对价值取向水平均有负向的显著影响。年龄越大则社会阅历越深，教育程度越高则认知能力越强，因而对产业政策于一般产业存在的积极方面的认识就越透彻，计划倾向也就越明显。养殖年数越长则养殖经验越丰富，有过培训经历则知识水平越高，因而对产业政策于生猪养殖这一特定产业存在的消极方面的认识就越清晰，市场倾向也就越明显。家庭兼业则说明家庭从业形式非单一化，因而反映了明显的市场倾向。加入产业化组织有利于提高组织化程度，更好地衔接市场，因而反映了明显的市场倾向。较易获取土地有赖于产业政策的坚实保障，因而反映了明显的计划倾向。

表 7.2 中的回归（4）列出了控制变量对社会信心水平的影响：户主培训经历与加入产业化组织状况对社会信心水平均有正向的显著影响，户主年龄、户主教育程度、户主养殖年数、家庭兼业状况、获取土地的难易程度对社会信心水平均无显著影响。有过培训经历则知识水平越高，因而对生猪养殖产业发展趋势的看法就更为乐观，社会信心水平也就越高。加入产业化组织有利于降低成本，提高效益，改变以往信息不畅、单打独斗的局面，提高抵御市场风险的能力，因而社会信心水平较高。

7.4 稳健性检验

本书从变换模型与筛选样本两个方面检验表 7.2 中的回归结果的稳健性。

（1）变换模型。采用 OLS 模型对式（7.1）～式（7.6）进行参数估计，并使用聚类稳健标准误的回归结果。表 7.3 显示，各解释变量回归系数的符号和显著性均与表 7.2 的回归结果一致；此外，户主养殖年数在回归（2）中对间接扶持政策接受程度的回归系数是否显著不一致，户主养殖年数对社会信心水平的回归系数是否显著不一致，户主培训经历对社会信心水平的回归系数的显著性水平不一致，加入产业化组织状况在回归（5）中对直接扶持政策接受程度的回归系数的符号不一致，其余各控制变量回归系数的符号和显著性均与表 7.2 的回归结果一致。可见，表 7.2 中的回归结果是稳健的。

表 7.3 重大疫病冲击下生猪规模化养殖扶持政策接受程度内在决定机制的 OLS 回归结果

项目		回归（1）	回归（2）	回归（3）	回归（4）	回归（5）	回归（6）
		直接扶持政策接受程度（*APS*）	间接扶持政策接受程度（*APBS*）	价值取向水平（*VO*）	社会信心水平（*ST*）	直接扶持政策接受程度（*APS*）	间接扶持政策接受程度（*APBS*）
解释变量	价值取向水平（*VO*）	—	—	—	—	0.003 (0.023)	0.012 (0.008)
	社会信心水平（*ST*）	—	—	—	—	0.003 (0.006)	0.009 (0.008)
	透明程度评价（*ET*）	0.020*** (0.007)	0.011 (0.009)	−0.037*** (0.009)	0.005 (0.010)	0.031** (0.020)	0.012 (0.009)
	公平程度评价（*EF*）	0.023*** (0.007)	−0.013 (0.008)	−0.010 (0.009)	−0.007 (0.010)	0.023*** (0.007)	−0.013 (0.008)
	价值取向水平×透明程度评价（*VO×ET*）	—	—	—	—	−0.004 (0.006)	—
	价值取向水平×公平程度评价（*VO×EF*）	—	—	—	—	—	—
	社会信心水平×透明程度评价（*ST×ET*）	—	—	—	—	—	—
	社会信心水平×公平程度评价（*ST×EF*）	—	—	—	—	—	—
控制变量	户主年龄（*HA*）	0.006 (0.007)	0.015* (0.009)	0.042*** (0.009)	−0.014 (0.010)	0.006 (0.007)	0.015* (0.009)
	户主教育程度（*HE*）	0.002 (0.005)	0.001 (0.007)	0.014* (0.007)	−0.007 (0.008)	0.002 (0.005)	0.001 (0.007)
	户主养殖年数（*PY*）	0.003 (0.011)	−0.021 (0.013)	−0.041*** (0.014)	0.025* (0.015)	0.002 (0.011)	−0.021 (0.013)
	户主培训经历（*HT*）	0.010 (0.015)	0.051*** (0.018)	−0.307*** (0.020)	0.051** (0.020)	0.007 (0.015)	0.054*** (0.018)
	家庭兼业状况（*MO*）	0.016 (0.014)	−0.011 (0.018)	−0.189*** (0.019)	0.014 (0.020)	0.014 (0.014)	−0.009 (0.018)
	加入产业化组织状况（*IO*）	0.002 (0.015)	0.094*** (0.019)	−0.103*** (0.020)	0.060*** (0.021)	0.001 (0.015)	0.095*** (0.019)
	获取土地的难易程度（*AL*）	−0.033*** (0.010)	0.036*** (0.013)	0.047*** (0.013)	−0.005 (0.015)	−0.032*** (0.010)	0.036*** (0.013)
省域固定效应		控制	控制	控制	控制	控制	控制
常数项		4.19*** (0.057)	3.67*** (0.071)	3.30*** (0.075)	3.17*** (0.081)	4.18*** (0.093)	3.60*** (0.080)
样本数量		12843	12843	12843	12843	12843	12843
F统计量		3.78***	5.51***	55.61***	2.17**	3.07***	4.80***
决定系数		0.002 7	0.003 9	0.035 5	0.001 5	0.002 9	0.004 1

(2) 筛选样本。尽管生猪规模化养殖扶持政策接受程度是侧重于事前的对政策的主观评价，但从事后的角度来看，也确实存在意愿与事实相悖的情况。鉴于意愿的有效性，本书仅保留意愿与事实一致的样本。具体而言，将直接扶持政策接受程度中愿意接受但实际未接受到直接扶持政策的2623个样本与不愿接受但实际接受到直接扶持政策的335个样本剔除，保留剩余的9885个样本；将间接扶持政策接受程度中愿意接受但实际未接受到直接扶持政策的903个样本与不愿接受但实际接受到直接扶持政策的1064个样本剔除，保留剩余的10876个样本。在此，仍采用有序多分类Logit模型，以最大似然估计法对式(7.1)～式(7.6)进行参数估计，并使用聚类稳健标准误的回归结果。表7.4与表7.5显示，各解释变量回归系数的符号和显著性均与表7.2的回归结果一致。表7.4显示，户主年龄对社会信心水平的回归系数是否显著不一致，户主教育程度在回归(1)与回归(4)中对直接扶持政策接受程度的回归系数的符号均不一致，户主养殖年数对价值取向水平的回归系数的显著性水平不一致，户主养殖年数对社会信心水平的回归系数是否显著不一致，户主培训经历对社会信心水平的回归系数的显著性水平不一致，加入产业化组织状况在回归(1)中对直接扶持政策接受程度的回归系数的符号不一致，获取土地的难易程度对社会信心水平的回归系数的符号不一致，其余各控制变量回归系数的符号和显著性均与表7.2的回归结果一致。表7.5显示，户主年龄在回归(1)与回归(4)中对间接扶持政策接受程度的回归系数是否显著均不一致，户主教育程度对价值取向水平的回归系数是否显著不一致，户主养殖年数在回归(1)中对间接扶持政策接受程度的回归系数是否显著不一致，户主养殖年数对价值取向水平的回归系数的显著性水平不一致，户主培训经历对社会信心水平的回归系数的显著性水平不一致，家庭兼业状况在回归(1)与回归(4)中对间接扶持政策接受程度的回归系数的符号均不一致，获取土地的难易程度在回归(1)与回归(4)中对间接扶持政策接受程度的回归系数的显著性水平均不一致，获取土地的难易程度对价值取向水平的回归系数的显著性水平不一致，其余各控制变量回归系数的符号和显著性均与表7.2的回归结果一致。可见，表7.2中的回归结果是稳健的。

表7.4　意愿与事实一致的重大疫病冲击下直接扶持政策接受程度内在决定机制的有序多分类Logit回归结果

项目		回归(1)	回归(2)	回归(3)	回归(4)
		直接扶持政策接受程度(*APS*)	价值取向水平(*VO*)	社会信心水平(*ST*)	直接扶持政策接受程度(*APS*)
解释变量	价值取向水平(*VO*)	—	—	—	0.027 (0.063)
	社会信心水平(*ST*)	—	—	—	0.003 (0.017)
	透明程度评价(*ET*)	0.062*** (0.019)	−0.055*** (0.017)	0.013 (0.017)	0.109** (0.055)
	公平程度评价(*EF*)	0.022*** (0.019)	−0.003 (0.018)	−0.003 (0.018)	0.022*** (0.019)

续表

项目		回归（1）	回归（2）	回归（3）	回归（4）
		直接扶持政策接受程度（*APS*）	价值取向水平（*VO*）	社会信心水平（*ST*）	直接扶持政策接受程度（*APS*）
解释变量	价值取向水平×透明程度评价（*VO*×*ET*）	—	—	—	−0.016 （0.017）
	价值取向水平×公平程度评价（*VO*×*EF*）	—	—	—	—
	社会信心水平×透明程度评价（*ST*×*ET*）	—	—	—	—
	社会信心水平×公平程度评价（*ST*×*EF*）	—	—	—	—
控制变量	户主年龄（*HA*）	0.026 （0.019）	0.074*** （0.018）	−0.039** （0.018）	0.027 （0.019）
	户主教育程度（*HE*）	−0.002 （0.015）	0.023* （0.013）	−0.017 （0.014）	−0.002 （0.015）
	户主养殖年数（*PY*）	0.039 （0.029）	−0.061** （0.028）	0.051* （0.027）	0.038 （0.029）
	户主培训经历（*HT*）	0.039 （0.039）	−0.550*** （0.038）	0.092** （0.036）	0.030 （0.040）
	家庭兼业状况（*MO*）	0.010 （0.039）	−0.303*** （0.036）	0.014 （0.036）	0.005 （0.039）
	加入产业化组织状况（*IO*）	−0.008 （0.041）	−0.120*** （0.039）	0.099*** （0.038）	−0.010 （0.041）
	获取土地的难易程度（*AL*）	−0.118*** （0.028）	0.091*** （0.025）	0.037 （0.027）	−0.116*** （0.028）
省域固定效应		控制	控制	控制	控制
样本数量		9885	9885	9885	9885
卡方检验		40.01***	380.00***	21.14**	43.16***
对数似然值		−9633.1233	−14379.927	−14946.43	−9631.2911
伪决定系数		0.0021	0.0127	0.0007	0.0022

提高养殖标准化程度是生猪规模化养殖扶持政策的一项重要目标。鉴于养殖高度标准化的规模化养殖户一直是生猪规模化养殖扶持政策的实际受惠群体，本书将养殖标准化得分在8～10区间的8806个样本认定为养殖高度标准化的样本并予以保留，同时剔除养殖标准化得分在4～7区间的4037个样本。在此，仍采用有序多分类Logit模型，以最大似然估计法对式（7.1）～式（7.6）进行参数估计，并使用聚类稳健标准误的回归结果。表7.6显示，各解释变量回归系数的符号和显著性均与表7.2的回归结果一致；此外，户主教育程度对价值取向水平的回归系数是否显著不一致，户主养殖年数在回归（1）与回归（5）中对直接扶持政策接受程度的回归系数的符号均不一致，户主养殖年数对价值取向水

表 7.5 意愿与事实一致的重大疫病冲击下间接扶持政策接受程度内在决定机制的有序多分类 Logit 回归结果

项目		回归（1）	回归（2）	回归（3）	回归（4）
		间接扶持政策接受程度（*APBS*）	价值取向水平（*VO*）	社会信心水平（*ST*）	间接扶持政策接受程度（*APBS*）
解释变量	价值取向水平（*VO*）	—	—	—	0.007 (0.017)
	社会信心水平（*ST*）	—	—	—	0.009 (0.015)
	透明程度评价（*ET*）	0.003 (0.017)	−0.063*** (0.017)	0.011 (0.017)	0.003 (0.017)
	公平程度评价（*EF*）	−0.019 (0.017)	−0.012 (0.017)	−0.016 (0.016)	−0.018 (0.017)
	价值取向水平×透明程度评价（*VO*×*ET*）	—	—	—	—
	价值取向水平×公平程度评价（*VO*×*EF*）	—	—	—	—
	社会信心水平×透明程度评价（*ST*×*ET*）	—	—	—	—
	社会信心水平×公平程度评价（*ST*×*EF*）	—	—	—	—
控制变量	户主年龄（*HA*）	0.023 (0.017)	0.065*** (0.017)	−0.022 (0.017)	0.022 (0.017)
	户主教育程度（*HE*）	0.009 (0.014)	0.017 (0.013)	−0.020 (0.013)	0.009 (0.014)
	户主养殖年数（*PY*）	−0.027 (0.027)	−0.067** (0.026)	0.026 (0.026)	−0.027 (0.027)
	户主培训经历（*HT*）	0.153*** (0.036)	−0.507*** (0.036)	0.076** (0.035)	0.155*** (0.036)
	家庭兼业状况（*MO*）	0.049 (0.036)	−0.278*** (0.035)	0.005 (0.034)	0.050 (0.036)
	加入产业化组织状况（*IO*）	0.122*** (0.038)	−0.148*** (0.037)	0.112*** (0.036)	0.122*** (0.038)
	获取土地的难易程度（*AL*）	0.064** (0.027)	0.052** (0.024)	−0.008 (0.026)	0.064** (0.027)
省域固定效应		控制	控制	控制	控制
样本数量		10876	10876	10876	10876
卡方检验		36.41***	356.32***	19.39**	36.84***
对数似然值		−12048.376	−15802.226	−16467.039	−12048.125
伪决定系数		0.0015	0.0110	0.0006	0.0016

平的回归系数是否显著不一致，户主养殖年数对社会信心水平的回归系数是否显著不一致，户主养殖年数在回归（6）中对间接扶持政策接受程度的回归系数是否显著不一致，户主培训经历对社会信心水平的回归系数的显著性水平不一致，家庭兼业状况在回归（1）中对直接扶持政策接受程度的回归系数是否显著不一致，获取土地的难易程度对价值取向水平的回归系数的显著性水平不一致，获取土地的难易程度对社会信心水平的回归系数的符号不一致，其余各控制变量回归系数的符号和显著性均与表7.2的回归结果一致。可见，表7.2中的回归结果是稳健的。

表7.6 养殖高度标准化的重大疫病冲击下生猪规模化养殖扶持政策接受程度内在决定机制的有序多分类Logit回归结果

项目		回归（1）	回归（2）	回归（3）	回归（4）	回归（5）	回归（6）
		直接扶持政策接受程度（APS）	间接扶持政策接受程度（APBS）	价值取向水平（VO）	社会信心水平（ST）	直接扶持政策接受程度（APS）	间接扶持政策接受程度（APBS）
解释变量	价值取向水平（VO）	—	—	—	—	0.052 (0.066)	0.007 (0.018)
	社会信心水平（ST）	—	—	—	—	0.004 (0.018)	0.022 (0.017)
	透明程度评价（ET）	0.058*** (0.019)	0.006 (0.019)	−0.043*** (0.018)	0.007 (0.018)	0.136** (0.058)	0.006 (0.019)
	公平程度评价（EF）	0.044*** (0.020)	−0.007 (0.019)	−0.003 (0.019)	−0.001 (0.018)	0.043*** (0.020)	−0.007 (0.019)
	价值取向水平×透明程度评价（VO×ET）	—	—	—	—	−0.026 (0.018)	—
	价值取向水平×公平程度评价（VO×EF）	—	—	—	—	—	—
	社会信心水平×透明程度评价（ST×ET）	—	—	—	—	—	—
	社会信心水平×公平程度评价（ST×EF）	—	—	—	—	—	—
控制变量	户主年龄（HA）	0.016 (0.020)	0.033* (0.019)	0.056*** (0.019)	−0.025 (0.019)	0.017 (0.020)	0.033* (0.019)
	户主教育程度（HE）	0.004 (0.016)	0.005 (0.015)	0.005 (0.015)	−0.008 (0.015)	0.005 (0.016)	0.005 (0.015)
	户主养殖年数（PY）	−0.008 (0.031)	−0.048* (0.029)	−0.022 (0.029)	0.068** (0.028)	−0.008 (0.031)	−0.049* (0.029)
	户主培训经历（HT）	0.032 (0.041)	0.115*** (0.039)	−0.525*** (0.040)	0.068* (0.038)	0.022 (0.042)	0.117*** (0.039)
	家庭兼业状况（MO）	0.074* (0.041)	−0.004 (0.039)	−0.312*** (0.039)	0.061 (0.038)	0.067 (0.041)	−0.004 (0.039)
	加入产业化组织状况（IO）	0.005 (0.043)	0.172*** (0.042)	−0.232*** (0.042)	0.140*** (0.040)	−0.001 (0.043)	0.172*** (0.042)
	获取土地的难易程度（AL）	−0.110*** (0.031)	0.098*** (0.030)	0.070** (0.027)	0.003 (0.030)	−0.109*** (0.031)	0.098*** (0.030)
省域固定效应		控制	控制	控制	控制	控制	控制

续表

项目	回归（1）直接扶持政策接受程度（APS）	回归（2）间接扶持政策接受程度（APBS）	回归（3）价值取向水平（VO）	回归（4）社会信心水平（ST）	回归（5）直接扶持政策接受程度（APS）	回归（6）间接扶持政策接受程度（APBS）
样本数量	8806	8806	8806	8806	8806	8806
卡方检验	32.51***	41.21***	331.37***	24.29***	39.10***	42.79***
对数似然值	−9352.2073	−11805.816	−12836.687	−13348.448	−9348.8965	−11804.896
伪决定系数	0.0018	0.0017	0.0124	0.0009	0.0021	0.0018

7.5 进一步检验

本书通过分规模与分省域进一步对表7.2的回归结果实施检验。在此，仍采用有序多分类Logit模型，以最大似然估计法对式（7.1）～式（7.6）进行参数估计，并使用聚类稳健标准误的回归结果。研究发现，中规模这类养殖规模与江苏这1个省存在明显的生猪规模化养殖扶持政策接受程度的内在决定机制，即政策工具属性经由干预对象属性决定规模化养殖户对生猪规模化养殖扶持政策的接受程度，回归结果见表7.7与表7.8。

表7.7　中规模的重大疫病冲击下生猪规模化养殖扶持政策接受程度内在决定机制的有序多分类Logit回归结果

项目		回归（1）直接扶持政策接受程度（APS）	回归（2）价值取向水平（VO）	回归（3）直接扶持政策接受程度（APS）
解释变量	价值取向水平（VO）	—	—	0.161* （0.098）
	社会信心水平（ST）	—	—	0.015 （0.026）
	透明程度评价（ET）	0.062** （0.028）	−0.084*** （0.027）	0.207** （0.085）
	公平程度评价（EF）	0.049* （0.028）	−0.016 （0.028）	0.049* （0.028）
	价值取向水平×透明程度评价（VO×ET）	—	—	−0.047* （0.026）
	价值取向水平×公平程度评价（VO×EF）	—	—	—
控制变量	户主年龄（HA）	0.005 （0.029）	0.020 （0.026）	0.005 （0.029）
	户主教育程度（HE）	0.014 （0.023）	−0.004 （0.021）	0.013 （0.023）

续表

项目		回归（1）	回归（2）	回归（3）
		直接扶持政策接受程度（APS）	价值取向水平（VO）	直接扶持政策接受程度（APS）
控制变量	户主养殖年数（PY）	0.027 (0.045)	−0.001 (0.042)	0.026 (0.045)
	户主培训经历（HT）	0.004 (0.060)	−0.553*** (0.058)	0.005 (0.060)
	家庭兼业状况（MO）	0.103* (0.059)	−0.327*** (0.056)	0.103* (0.060)
	加入产业化组织状况（IO）	−0.029 (0.063)	−0.121** (0.061)	−0.031 (0.063)
	获取土地的难易程度（AL）	−0.068 (0.044)	0.047 (0.039)	−0.068 (0.044)
省域固定效应		控制	控制	控制
样本数量		4214	4214	4214
卡方检验		15.01*	164.55***	18.75*
对数似然值		−4466.279	−18610.72	−4464.3945
伪决定系数		0.0017	0.0128	0.0021

表7.8 江苏的重大疫病冲击下生猪规模化养殖扶持政策接受程度内在决定机制的有序多分类Logit回归结果

项目		回归（1）	回归（2）	回归（3）	回归（4）
		间接扶持政策接受程度（APBS）	价值取向水平（VO）	社会信心水平（ST）	间接扶持政策接受程度（APBS）
解释变量	价值取向水平（VO）	—	—	—	0.600*** (0.172)
	社会信心水平（ST）	—	—	—	0.230 (0.250)
	透明程度评价（ET）	0.010 (0.073)	−0.056** (0.064)	0.148 (0.070)	0.015 (0.073)
	公平程度评价（EF）	0.195*** (0.056)	−0.243*** (0.068)	0.301*** (0.052)	0.386** (0.278)
	价值取向水平×透明程度评价（VO×ET）	—	—	—	—
	价值取向水平×公平程度评价（VO×EF）	—	—	—	−0.145*** (0.049)
	社会信心水平×透明程度评价（ST×ET）	—	—	—	—
	社会信心水平×公平程度评价（ST×EF）	—	—	—	0.040 (0.059)

续表

项目		回归（1）间接扶持政策接受程度（APBS）	回归（2）价值取向水平（VO）	回归（3）社会信心水平（ST）	回归（4）间接扶持政策接受程度（APBS）
控制变量	户主年龄（HA）	0.148** (0.072)	0.096 (0.068)	0.024 (0.070)	0.135* (0.072)
	户主教育程度（HE）	−0.005 (0.048)	−0.002 (0.048)	−0.036 (0.045)	−0.002 (0.048)
	户主养殖年数（PY）	−0.059 (0.093)	−0.090 (0.099)	0.067 (0.098)	−0.037 (0.095)
	户主培训经历（HT）	−0.113 (0.298)	−0.631* (0.375)	0.296 (0.299)	−0.122 (0.302)
	家庭兼业状况（MO）	−0.112 (0.128)	−0.434*** (0.143)	−0.171 (0.125)	−0.053 (0.131)
	加入产业化组织状况（IO）	−0.515** (0.199)	−0.374 (0.243)	−0.384** (0.156)	−0.471** (0.204)
	获取土地的难易程度（AL）	−0.050 (0.064)	−0.053 (0.071)	0.014 (0.064)	−0.058 (0.066)
样本数量		985	985	985	985
卡方检验		29.98***	28.34***	59.31***	47.29***
对数似然值		−4466.279	−18610.72	−1447.8082	−1224.1844
伪决定系数		0.0123	0.0173	0.0188	0.0177

表7.7中的回归（1）、回归（2）、回归（3）分别列出了式（7.1）、式（7.3）、式（7.5）的回归结果。与表7.2的回归结果一致，透明程度评价在回归（1）中对直接扶持政策接受程度有着正向的显著影响，并且它对价值取向水平有着负向的显著影响。价值取向水平对直接扶持政策接受程度有着正向的显著影响，说明对直接扶持政策而言，政策工具被认为计划倾向越明显，其接受程度就越高。这在一定程度上但并不完全地验证了假设8。在回归（3）中，透明程度评价的回归系数显著为正，价值取向水平与透明程度评价的交乘项的回归系数显著为负。这表明，一方面，在控制了价值取向水平之后，透明程度评价对直接扶持政策接受程度依然有着正向的显著影响；另一方面，如果把价值取向水平纳入考虑，则透明程度评价对直接扶持政策接受程度有着负向的显著影响。可见，透明程度评价经由价值取向水平对直接扶持政策接受程度有着负向的显著影响，即无法验证推论3，而这很可能是中规模生猪养殖户数量庞大且在直接扶持政策实际受惠的所有养殖规模类型中一直占有较大数量比例的缘故。

表7.8中的回归（1）、回归（2）、回归（3）、回归（4）分别列出了式（7.2）、式（7.3）、式（7.4）、式（7.6）的回归结果。公平程度评价在回归（1）中对间接扶持政策接受程度有着正向的显著影响，说明对间接扶持政策而言，政策工具被认为越公平，其接受程度就越高。这在一定程度上但并不完全地验证了假设7。公平程度评价对价值取向水平有着负向的显著影响，这与假设11相悖。原因很可能在于，政策工具被认为越公平，

便越能够平等地提供市场竞争机会，政策倾向在主观上也就越黯淡，从而使得规模化生猪养殖户的市场倾向被增强。公平程度评价对社会信心水平有着正向的显著影响，说明政策工具被认为越公平，社会信心水平就越高，即验证了假设 13。价值取向水平对间接扶持政策接受程度有着正向的显著影响，说明对间接扶持政策而言，政策工具被认为计划倾向越明显，其接受程度就越高。这在一定程度上但并不完全地验证了假设 8。与表 7.2 的回归结果一致，社会信心水平对间接扶持政策接受程度没有显著影响。在回归（4）中，公平程度评价的回归系数显著为正，价值取向水平与公平程度评价的交乘项的回归系数显著为负。这表明，一方面，在控制了价值取向水平之后，公平程度评价对间接扶持政策接受程度依然有着正向的显著影响；另一方面，如果把价值取向水平纳入考虑，则公平程度评价对间接扶持政策接受程度有着负向的显著影响。可见，公平程度评价经由价值取向水平对间接扶持政策接受程度有着负向的显著影响，即无法验证推论 4。此外，社会信心水平与公平程度评价的交乘项的回归系数并不显著，即无法验证推论 6。

7.6 结论

本书利用大样本分区域抽样调查数据，实证考察规模化养殖户对生猪规模化养殖扶持政策（直接扶持政策和间接扶持政策）的接受程度，以及政策工具属性经由干预对象属性决定规模化养殖户对生猪规模化养殖扶持政策的接受程度。

通过对生猪规模化养殖扶持政策接受程度进行的调查发现，非洲猪瘟疫病暴发后，绝大多数规模化养殖户在实际接受到扶持政策之前，愿意接受生猪规模化养殖扶持政策，并且大多数愿意接受的规模化养殖户实际接受到了生猪规模化养殖扶持政策。因此，生猪规模化养殖扶持政策是合理的。

通过对生猪规模化养殖扶持政策接受程度的内在决定机制进行的识别发现：①政策工具的透明程度属性和公平程度属性均与直接扶持政策接受程度正相关，均与间接扶持政策接受程度不相关；②干预对象的价值取向属性和社会信心属性均与生猪规模化养殖扶持政策接受程度不相关；③政策工具的透明程度属性与干预对象的价值取向属性负相关，与干预对象的社会信心属性不相关；④政策工具的公平程度属性与干预对象的价值取向属性和社会信心属性均不相关；⑤政策工具的透明程度属性和公平程度属性经由干预对象的价值取向属性均与生猪规模化养殖扶持政策接受程度不相关，经由干预对象的社会信心属性均与生猪规模化养殖扶持政策接受程度不相关。这些结论都从采用 OLS 模型的回归结果、意愿与事实一致样本的回归结果、养殖高度标准化样本的回归结果中得到了证实。

通过分规模与分省域进行的进一步检验发现：①对于中规模这类养殖规模，干预对象的价值取向属性与直接扶持政策接受程度正相关，政策工具的透明程度属性经由干预对象的价值取向属性与直接扶持政策接受程度负相关；②对于江苏这 1 个省，政策工具的公平程度属性与间接扶持政策接受程度正相关，干预对象的价值取向属性与间接扶持政策接受程度正相关，政策工具的公平程度属性与干预对象的价值取向属性负相关，政策工具的公平程度属性与干预对象的社会信心属性正相关，政策工具的公平程度属性经由干预对象的价值取向属性与间接扶持政策接受程度负相关。

第8章　重大疫病冲击下中国生猪规模化养殖扶持政策的调整与优化

本书的结论表明，在非洲猪瘟疫病冲击下，政策扶持是经由规模化养殖户的疫病风险认知和资金短缺状况两大行为决策因素对生猪规模化养殖产生影响的。可以说，短时间内全国范围政策导向的调转仍是有效的。然而，要长期推进实现生猪规模化养殖，关键在于确保扶持政策的可持续性与稳定性。鉴于此，结合2007年与2008年中国先后开启的生猪规模化养殖扶持政策的实施效果，根据2018年非洲猪瘟疫病冲击下政策扶持经由规模化养殖户的行为决策对生猪规模化养殖所产生的绩效，基于规模化养殖户的行为决策与对扶持政策的接受程度，本书提出重大疫病冲击下调整和优化中国生猪规模化养殖政策扶持的思路。

8.1　中国以往的生猪规模化养殖扶持政策的效果分析

2005年西南地区猪链球菌疫病的传播与2006年南方大部分省域猪蓝耳病疫病的暴发，以及近些年来养殖成本的持续上涨，使中国的生猪养殖产业受到了严重打击。鉴于此，2007年与2008年，中国先后实施了3类生猪规模化养殖扶持政策：①特惠性扶持政策，涉及生猪标准化规模养殖场（小区）建设补贴政策、生猪调出大县奖励政策、生猪良种补贴政策；②普惠性扶持政策，涉及能繁母猪补贴政策、能繁母猪保险保费补贴政策、生猪疫病防控政策；③间接性扶持政策，涉及生猪收储政策与生猪生产消费监测预警体系。

8.1.1　特惠性扶持政策

8.1.1.1　生猪标准化规模养殖场（小区）建设补贴政策

中央财政在2007年与2008年均投入25亿元资金用于支持生猪标准化规模养殖场（小区）建设。中央层面对各省域的生猪标准化规模养殖场（小区），按照年出栏量500～999头、1000～1999头、2000～2999头、3000～10000头4个档次分别平均补助投资20万元、40万元、60万元、80万元，年出栏量10000头以上的则不再安排补助投资。省级层面的实施标准因各省域情况不同而有所差异。生猪标准化规模养殖场（小区）建设补贴政策引导养殖户的生产模式向规模化、标准化、产业化迈进，在一定程度上实现了生猪养殖产业的平稳健康发展。

8.1.1.2　生猪调出大县奖励政策

2007年，中央财政开始实施生猪调出大县奖励政策，投入15亿元资金专门用于支持存栏量50头以上的规模化养殖户发展生猪生产，主要涉及猪舍改造、良种引进、粪污处理、贷款、防疫这5个方面。当年生猪调出大县的入围标准为：年均生猪出栏量大于80万头的县；年均生猪出栏量在60万头至80万头之间，且人均出栏量大于1头的县。未达到上述标准，但对区域内的生猪生产和猪肉供应起着重大影响作用的县（如36个大中城市周边的产猪大县），也可纳入奖励范围。当年奖励的标准为：新建圈舍每平方米40元，沼气池每立方米150元，引进良种母猪每头400～600元，贷款贴息50%。2008年与2009年，中央财政投入资金均为21亿元。中央层面的政策颁布后，省级层面的部分地方政府也出台了相关配套措施，对国家级和省级生猪调出大县予以扶持。

生猪调出大县奖励政策的出台落实和连续实施，调动了地方发展生猪养殖产业的积极性，提高了规模化养殖户的专业化程度、组织化水平、抗风险能力，促进了生猪规模化养殖。2008年，中国生猪规模化养殖比例超过了50%，其中全国332个生猪调出大县的出栏量已占同年全国出栏总量的39%，切实保障了生猪市场的有效供给。因此，从长期来看，较之其他生猪规模化养殖扶持政策，生猪调出大县奖励政策显然是最为准确有力的。然而，实际调查也发现，依照行政区域对出栏量进行统计来确定生猪调出大县，不免使一些出栏量没有达到入围标准但人均养殖数量很高的生猪输出重点县域无法享受政策覆盖，这对其辖区内部分规模化养殖户的生产积极性造成了一定的负面影响。

8.1.1.3 生猪良种补贴政策

从2007年起，农业部和财政部共同出台并落实了每年的生猪良种补贴政策，对在项目区内使用良种猪精液开展人工授精的能繁母猪养殖户实施补贴。按每头能繁母猪每年繁殖两胎，每胎配种使用2份精液，每份精液补贴10元测算，每头能繁母猪每年补贴40元。2007年与2008年，中央财政分别投入1.8亿元和3.6亿元，对全国200个生猪人工授精率超过30%的县（区、农场）实施生猪良种补贴政策。2009年，中央财政投入增至6.25亿元，政策扶持范围相应扩大到400个县（区、农场）。生猪良种补贴政策的持续落实，对推广良种猪人工授精技术、生猪品种改良技术、节本增效饲养管理技术起到了积极作用，加快了生猪养殖产业建设标准化规模养殖模式的进程，并构建起稳定的生猪生产长效机制。

8.1.2 普惠性扶持政策

8.1.2.1 能繁母猪补贴政策

能繁母猪是指处于生殖年龄的专门留作繁殖的母猪，年龄一般在9个月以上。纳入补贴范围的能繁母猪为产过一胎仔猪并能继续繁殖仔猪的母猪。能繁母猪在生猪生产中具有核心作用，其数量通常被视为生猪产能，直接关系到后期仔猪补栏和育肥猪出栏，影响生猪市场的后期供给。正常情况下，生猪存栏量中能繁母猪数量占比为8%～10%，低于这一区间则预示着生猪市场后期供给不足，高于这一区间则预示着生猪市场后期供给过度。

中央财政于2007年首次对能繁母猪养殖户实施补贴，标准为每头50元，2008年将标准提高至每头100元。中央层面的政策颁布后，省级层面立即出台相应的实施细则，开展能繁母猪建档立卡工作。但由于各个省域情况不同，能繁母猪补贴细则有所差异，财政负担比例也不一。从2007年7月1日至2008年6月30日，各地共补贴能繁母猪4656.5万头，落实资金23.38亿元。自2007年能繁母猪补贴政策实施后，能繁母猪的存栏量及其增速均远高于近几年的平均水平，存栏比重也高于正常水平。但从2007—2009年，生猪市场明显出现供过于求的状况，导致猪肉价格普遍下跌，迫使一部分中小规模养殖户与散养户退出生产。

能繁母猪补贴政策虽属于普惠性政策，但在实际执行过程中是有政策倾向的。中小规模养殖户与散养户主要从市场上购买猪苗，很少养殖能繁母猪；而大规模与超大规模养殖户大多采取自繁自养的方式，养殖能繁母猪的数量较多，切实能够受到这一政策的扶持。此外，根据2009年1月国家发展和改革委员会、财政部、农业部、商务部、国家工商行政管理总局、国家质量监督检验检疫总局6个部门联合发布的《防止生猪价格过度下跌调控预案（暂行）》，规定中央层面于2009年启动一级响应机制后只对国家确定的生猪调出大县的养殖户实施能繁母猪补贴。实地调查发现，由于生猪生产自身特定的繁育规律，这种非连续性或不可预期的一次性补贴只能在一定程度上稳定生猪产能、降低市场风险，并不能增加能繁母猪存栏量，且对中小规模养殖户而言作用不大。

值得注意的是，经济落后地区的政府由于财政拮据，对承担能繁母猪补贴全部资金会有一定的抵触。而且对当地政府而言，补贴实施之前，清点存栏母猪的任务非常繁重；补贴一旦实施，必然要加强对养殖场的整治力度。事实上，辖区内的生猪养殖数量越少越好，这就违背了实行能繁母猪补贴政策的初衷。特别值得一提的是，生猪养殖数量较多的通常是经济落后地区，而生猪消费数量较多的通常是经济发达地区。前者财政承担能繁母猪补贴的全部资金，实际上是资助了后者。长此以往，必会挫伤经济落后地区生猪规模化养殖的积极性，从而影响生猪市场的长期供给。

8.1.2.2 能繁母猪保险保费补贴政策

能繁母猪保险保费补贴政策主要为包括重大病害、自然灾害、意外事故所引起的能繁母猪直接死亡的保险业务提供保费补贴。2007年，财政部发布《能繁母猪保险保费补贴管理暂行办法》（财金〔2007〕66号），要求按照中央财政负担50%、地方财政负担30%、养殖户自行负担20%的比例分配，为能繁母猪存栏量30头以上的投保养殖户[1]提供直接补贴。这一政策实施后，全国参保的能繁母猪数量由2007年的2459.2万头增加至2008年的4750万头，参保率也相应由52.4%上升至97%。

能繁母猪保险保费补贴政策只是间接作用于生猪生产，对市场机制干扰较小。这一政策的有效实施，使规模化养殖户进一步增强了抗风险能力并提高了盈利水平和生产积极性，有利于稳定生猪产能与保障市场供给。然而，实际调查也发现存在3个方面的问题：①能繁母猪保险保费补贴政策并不受到作为保险业务承办方的保险公司的欢迎；②由于养殖户基数较大，补贴总额即便逐年增加，分摊到每个规模化养殖户仍是杯水车薪；③在补贴发放的过程中存在不公正的现象，例如有的地方将政策性补贴与政策性保险进行捆绑，在能繁母猪补贴金额中扣除一部分作为能繁母猪保险保费补贴金额，而有的地方因财政拮据不能提供配套资金，能繁母猪保险业务一片空白。

8.1.2.3 生猪疫病防控政策

2007年，保监会和农业部联合发布了《关于做好生猪保险和防疫工作的通知》（保监发〔2007〕68号），要求各级畜牧兽医部门建立健全防疫防灾工作体系，加大疫病监测，

[1] 未达到此规模的，要通过专业合作组织或以村、乡为单位，以统保方式参加保险。

建立疫病报告制度和责任追究制度。同年，中央财政与地方财政分别拨款10.47亿元和8.79亿元，用于补助因防疫需要而组织扑杀生猪和屠宰环节的病害猪无害化处理。生猪疫病防控政策的有效实施，进一步增强了养殖户抵御重大疫病和自然灾害等风险的能力，间接促进了生猪规模化养殖，逐步构建起生猪养殖产业健康发展的长效机制。

8.1.3 间接性扶持政策

8.1.3.1 生猪收储政策

为防止肉类价格过度下跌引起市场供求失衡，商务部与财政部于2007年联合发布《中央储备肉管理办法》（中华人民共和国商务部、中华人民共和国财政部令2007年第9号），建立了储备肉制度。肉类收储单位由中央和省级两个层面组织实施。2009年5月，全国猪粮比价下跌至5.91，给养殖户造成了严重损失，生猪收储政策正式启动。这一政策通过调节市场需求与稳定市场价格来降低养殖户的市场风险和保存养殖户的生产能力，对促进生猪规模化养殖起到了间接的支撑作用。然而，由于中国猪肉市场总量太大，短期的储备肉投放不足以撼动即时的市场价格，加之国际生猪产品进出口贸易的扩大，进一步增大了国家对生猪市场调控的难度。

8.1.3.2 生猪生产消费监测预警体系

2007年，中央财政支出1亿元专项资金，建立并完善了生猪等畜禽产品的市场需求和价格监测预警体系。之后，各级地方政府也做出了相应的行动。依托这一体系，政府相关部门定期发布涉及生猪生产与防疫以及猪粮比价等信息，科学引导养殖户调整生产规模，在一定程度上促进了较为理性的生猪规模化养殖行为决策。

8.2 重大疫病冲击下调整和优化中国生猪规模化养殖扶持政策的思路

2007年与2008年中国先后开启的生猪规模化养殖扶持政策虽然发挥了一定的优越性，但也存在着固有的局限性。2018年非洲猪瘟疫病暴发后，中国生猪规模化养殖扶持政策亟须得到更为深入的调整与优化。本书在确定政策扶持对象的前提下，根据重大疫病冲击下生猪规模化养殖微观行为决策分析的结论，完善扶持政策内容；根据重大疫病冲击下生猪规模化养殖宏观政策扶持研究的结论，建立长效保障机制；根据重大疫病冲击下生猪规模化养殖扶持政策接受程度内在决定机制识别的结论，明确组织管理系统与政府角色定位。

8.2.1 政策扶持对象

为集中优势资源、加大扶持力度以快速推进生猪规模化养殖，将普惠性扶持政策转变为特惠型扶持政策。确定年出栏500～999头的大规模养殖户与年出栏1000头以上的超大规模养殖户为政策扶持对象；同时，鼓励年出栏50～99头的小规模养殖户与年出栏100～499头的中规模养殖户抱团组建年出栏不低于500头的生猪规模化养殖专业合作社，一并列为政策扶持对象。

8.2.2 扶持政策内容

为减少疫病风险与改善资金短缺，继续推行并不断完善6项生猪规模化养殖扶持政策：①生猪标准化规模养殖场（小区）建设补贴政策，重点推进规模化生猪养殖户的设施化改造，提高专业化水平与标准化程度；②生猪调出大县奖励政策，针对政策实施中存在的问题，将人均出栏量作为单一的条件设置以进一步扩大生猪调出大县的入围标准；③生猪良种补贴政策，通过推广优良种猪，提高育种质量，培育抗病能力强的优质仔猪；④能繁母猪补贴政策，加大中央财政的转移支付力度，以减轻经济落后地区的财政负担，确保政策落实到位；⑤能繁母猪保险保费补贴政策，全面推进以能繁母猪为中心的生猪保险制度，组织设立重大疫病生猪养殖户损失风险补助基金，针对政策实施中存在的问题，政府按一定比例为养殖户投保并将资金注入保险公司账户，而保险公司以企业运作的方式对养殖户进行补贴，同时严格将政策性保险与政策性补贴区分开，禁止挪用能繁母猪补贴资金；⑥生猪疫病防控政策，建立健全全国性的生猪疫病预防体系和预警机制，组织设立重大疫病生猪强制扑杀与无害化处理补助基金。

为保障生猪规模化养殖标准化程度的有效提升，进一步对受到政策扶持的规模化养殖户进行监管与检查：①生猪标准化养殖过程的监管，加强对规模化养殖户生产过程中各类档案的管理，以及对使用饲料添加剂与兽药等的抽查，监督规模化养殖户是否严格执行了休药期，是否实施了“全进全出”的管理方式；②生猪标准化养殖成效的检查，结合实际情况，参考农业部《生猪标准化示范场验收评分标准》，按年度对规模化养殖户的选址布局、设施设备、管理防疫、生产环保等进行评价并提出改进建议或给予惩罚措施。

8.2.3 长效保障机制

2018 年非洲猪瘟疫病暴发对中国生猪养殖产业造成的巨大冲击，本质上与一直以来缺乏有效的宏观调控特别是支持与保护政策不完善有着密切的联系。虽然 2007 年与 2008 年政府先后开始实施一系列生猪规模化养殖扶持政策，但并未健全良好的法律保障体系，往往是危机暴发就出台临时性措施，危机过后则不再重视。扶持政策的延续性较差，致使制定与执行的整个过程效率较低。为促进中国生猪规模化养殖，应建立扶持政策的长效保障机制，即从实际国情出发完善相关立法，依靠制度性的适时调控体系排除各种外部因素的干扰，实现扶持政策的稳健实施。

8.2.4 组织管理系统

从直接扶持政策的实施过程来看，生猪规模化养殖扶持政策的组织管理系统尚不完善，突出表现在执行子系统与反馈子系统两个层面。为确保生猪规模化养殖扶持政策的有效落实，应建设科学高效的组织管理系统，即加大执行子系统的透明性与公平性，增强反馈子系统的及时性与准确性，实现扶持政策接受程度的全面提升。

8.2.5 政府职能定位

为更好地发挥市场机制对生猪规模化养殖的调节作用，政府职能应由主导式向参与式转变。协调整合农业农村、环境保护、卫生防疫、质量监督等部门的公共资源，不断提高生猪规模化养殖扶持政策的执行效率；牵头组织生猪规模化养殖专业合作社，有效提升养殖户的组织化程度和抗风险能力；着力消除生猪规模化养殖政策扶持过程中发生的疏漏，改进工作作风，增强服务意识。

参考文献

[1] ARROW K J. Essays in the Theory of risk bearing [M]. Chicago: Markham Publishing, 1971.

[2] BECHER G S. A theory of the allocation of time [J]. The economic journal, 1965, 75 (299): 493-517.

[3] BISHWA B A, HARSH S B, CHENEY L M. Factors affecting regional shifts of U. S. pork production [C] . //American agricultural economics association annual meeting. Montreal, 2003: 27-30.

[4] BRENNAN D C. Savings and technology choice for risk averse farmers [J]. Australian journal of agricultural & resource economics, 2002, 46 (4): 501-513.

[5] BREUSTEDT G, GLAUBEN T. Driving forces behind exiting from farming in western europe [J]. Journal of agricultural economics, 2007, 58 (1): 115-127.

[6] BURFISHER M E, HOPKINS J W. Decoupled payments: household income transfers in contemporary U. S. agriculture [J]. Agricultural economics reports, 2005, 3 (822): 25-35.

[7] BWALA M A, BILA Y. Analysis of farmers' risk aversion in southern Borno, Nigeria [J]. Global journal of agricultural sciences, 2009, 1 (8): 119-136.

[8] CATELO M A O, NARROD C A, TIONGCO M. Structural changes in the Philippine pig industry and their environmental implications [R]. Washington D. C. : the international food policy reseach institute, 2008.

[9] CHAMBERS R C. Scale and productivity measurement under risk [J]. The American economic review, 1983, 73 (4): 802-805.

[10] CHIANESE D S, ROTZ C A, RICHARD T L. Whole-farm greenhouse gas emissions: a review with application to a Pennsylvania dairy farm [J]. Applied engineering in agriculture, 2009, 25 (3): 431-442.

[11] CHURCHILL G A, SURPRENANT C. An investigation into the determinants of customer satisfaction [J]. Journal of marketing research, 1982, 19 (4): 491-504.

[12] ELNAZER T, MCCARL B A. The choice of crop rotation: a modeling approach and case study [J]. American journal of agricultural economics, 1986, 68 (1): 127-136.

[13] FAO. Livestock a major threat to the environment: remedies urgently needed [EB/OL] . http: // www. fao. org. /newsroom/en/news/2006/1000448/index. html, 2006.

[14] FOLTZ J D. Entry, exit, and farm size: assessing an experiment in dairy price policy [J]. American journal of agricultural economics, 2004, 86 (3): 594-604.

[15] FRANKEN J R V, GARCIA P P. Do transaction costs and risk preferences influence marketing arrangements in the Illinois hog industry? [J]. Journal of agricultural & resource economics, 2009, 34 (2): 297-315.

[16] GOODWIN B K, MISHRA A K. Are "decoupled" farm program payments really decoupled? An empirical evaluation [J]. American journal of agricultural economics, 2006, 88 (1): 73-89.

[17] HARRINGTON D H, REINSEL R D. Synthesis of forces driving structural change [J]. Canadian journal of agricultural economics, 1995, special issue: 3-14.

[18] HARVEY A C. Estimating regression models with multiplicative heteroskedasticity [J]. Econometrica, 1976, 44 (5): 461-465.

[19] HERMESCH S, LUDEMANN C I, AMER P R. Economic weights for performance and survival traits of growing pigs [J]. Journal of animal science, 2014, 92 (12): 5358 - 5366.
[20] HUETTEL S, JONGENEEL R. How has the E. U. milk quota affected patterns of herd - size change? [J]. European review of agricultural economics, 2011, 38 (4): 497 - 527.
[21] JAMES V. Farm bankruptcy risk as a link between direct payments and agricultural investment [J]. European review of agricultural economics, 2007, 34 (4): 479 - 500.
[22] JESÚS A, CHANTAL L M. Do counter - cyclical payments in the 2002 U. S. farm act create incentives to produce? [J]. Agricultural economics, 2004, 31 (2 - 3): 277 - 284.
[23] JUST R E, POPE R D. Stochastic specification of production functions and economic implications [J]. Journal of econometrics, 1978, 7 (1): 67 - 86.
[24] KALDOR D R. Transforming traditional agriculture [J]. Science, 1964, 144 (3619): 688.
[25] KARANTININIS K. Information based estimators for the non - stationary transition probability matrix: an application to the Danish pork industry [J]. Journal of econometrics, 2002, 107 (1): 275 - 290.
[26] KEY N D, MCBRIDE W D, MOSHEIM R. Decomposition of total factor productivity change in the U. S. hog industry, 1992—2004 [J]. Journal of agricultural and applied economics, 2006.
[27] KOUNDOURI P, LAUKKANEN M, MYYR S, et al. The effects of E. U. agricultural policy changes on farmers' risk attitudes [J]. Social science electronic publishing, 2009, 36 (1): 53 - 77.
[28] KUMBHAKAR S C. Risk preferences under price uncertainties and production risk [J]. Communications in statistics, 2001, 30 (8 - 9): 1715 - 1735.
[29] KUMBHAKAR S C. Specification and estimation of production risk, risk preferences and technical efficiency [J]. American journal of agricultural economics, 2002, 84 (1): 8 - 22.
[30] KUMBHAKAR S C, TSIONAS E G. Estimation of production risk and risk preference function: a nonparametric approach [J]. Annals of operations research, 2010, 176 (1): 369 - 378.
[31] LEHNER M, MONT O, HEISKANEN E. Nudging—a promising tool for sustainable consumption behaviour? [J]. Journal of cleaner production, 2016, 134: 166 - 177.
[32] LIEN G, STØRDAL S, HARDAKER J B, et al. Risk aversion and optimal forest replanting: a stochastic efficiency study [J]. European journal of operational research, 2007, 181 (3): 1584 - 1592.
[33] LIPTON M. The theory of the optimizing peasant [J]. Journal of development studies, 1968, 4 (3): 327 - 351.
[34] LORENT H, SONNENSCHEIN R, TSIOURLIS G M, et al. Livestock subsidies and rangeland degradation in central crete [J]. Ecology & society, 2009, 14 (2): 42.
[35] MACDONALD J M, MCBRIDE W D. The transformation of U. S. livestock agriculture: Scale, efficiency, and risks [J]. Social science electronic publishing, 2009 (58311).
[36] MCBRIDE W D, KEY N. Characteristics and production costs of U. S. hog farms, 2004 [J]. Social science electronic publishing, 2007 (1): 8 - 3.
[37] MCGINN S M, FLESCH T K, HARPER L A, et al. An approach for measuring methane emissions from whole farms [J]. Journal of environmental quality, 2006, 35 (1): 14 - 20.
[38] NENE G, AZZAM A M, SCHOENGOLD K. The impact of environmental regulation on the structure of the U. S. hog industry [J]. U. S. agricultural economics department working paper, 2013 (103).
[39] OGUNNIYI L T, OMOTESO O A. Economic analysis of swine production in Nigeria: a case study of Ibadan zone of Oyo state [J]. Journal of human ecology, 2011, 35 (2): 137 - 142.
[40] PATRICK G F, PEITER A J, KNIGHT T O, et al. Hog producers' risk management attitudes

and desire for additional risk management education [J]. Journal of agricultural and applied economics, 2007, 39 (3): 671-687.
[41] PHÉLIPPÉ-GUINVARC' H M, CORDIER J. An option of the average European futures prices for an efficient hog producer risk management [J]. Review of agricultural & environmental studies revue detudes en agriculture et environment, 2010, 1 (91): 27-42.
[42] PICAZO-TADEO A J, WALL A. Production risk, risk aversion and the determination of risk attitudes among Spanish rice producers [J]. Agricultural economics, 2011, 42 (4): 451-464.
[43] PICHERACK J R. Service delivery and client satisfaction in the public sector [J]. Canadian public administration, 1987, 30 (2): 243-245.
[44] POPKIN S. The rational peasant: the political economy of rural society in Vietnam [M]. Berkeley: University of California Press, 1979.
[45] PRATT J W. Risk aversion in the small and in the large [J]. Economica, 1964, 32 (1-2): 122-136.
[46] RASMUSSEN SVEND. Estimating the technical optimal scale of production in Danish agriculture [J]. Food economics—acta agriculturae scandinavica, section C, 2011, 8 (1): 1-19.
[47] RHODES V J. The industrialization of hog production [J]. Review of agricultural economics, 1995, 17 (2): 107-118.
[48] ROWNTREE B S. Poverty: a study of town life [M]. London: Macmillan, 1902.
[49] SAVADOGO G, SOUARÈS A, SIÉ A, et al. Using a community-based definition of poverty for targeting poor households for premium subsidies in the context of a community health insurance in Burkina Faso [J]. Bmc public health, 2015, 15 (1): 84.
[50] SCHULTZ T W. Transforming Traditional Agriculture [M]. New haven: Yale University Press, 1964.
[51] SCOTT J C. The moral economy of the peasant: rebellion and subsistence in southeast asia [M]. New haven: Yale University Press, 1977.
[52] SHELTON A M. Regional competitive position of pork industry [C] . //American agricultural economics association annual meeting. Denver, 2004.
[53] WEBER J G, KEY N. How much do decoupled payments affect production? An instrumental variable approach with panel data [J]. American journal of agricultural economics, 2012, 94 (1): 52-66.
[54] WENJIE Y. An empirical research on pig farmers' adoption behaviors of waste disposal [J]. Nature environment and pollution technology, 2021, 20 (2): 491-498.
[55] WENJIE Y. Biogas investment intention of large-scale pig farmers under the emission trading system [J]. Nature environment and pollution technology, 2020, 19 (3): 1113-1117.
[56] ZHENG X, VUKINA T, SHIN C. The role of farmers' risk aversion for contract choice in the U. S. hog industry [J]. Journal of agricultural & food industrial organization, 2008, 6 (1): 1-20.
[57] ZIMMERMANN A, HECKELEI T. Structural change of European dairy farms—a cross-regional analysis [J]. Journal of agricultural economics, 2012, 63 (3): 576-603.
[58] A 恰亚诺夫. 农民经济组织 [M]. 萧正洪, 译. 北京: 中央编译出版社, 1996.
[59] 曹芳. 粮食主产区粮食补贴改革研究——以江苏省的调查为例 [J]. 南京师大学报 (社会科学版), 2005 (3): 40-44.
[60] 曹光乔, 周力, 易中懿, 等. 农业机械购置补贴对农户购机行为的影响——基于江苏省水稻种植业的实证分析 [J]. 中国农村经济, 2010 (6): 38-48.
[61] 唱晓阳. 规模变动视角下吉林省生猪养殖户生产决策研究 [D]. 长春: 吉林农业大学, 2019.

[62] 陈风波，刘晓丽，冯肖映．水稻生产补贴政策实施效果及农户的认知与评价——来自长江中下游水稻产区的调查［J］．华南农业大学学报（社会科学版），2011，10（2）：1-12.
[63] 陈焕生，聂风英．国外养猪业发展的趋势与经验［J］．饲料研究，2005（1）：40-43.
[64] 陈慧萍，武拉平，王玉斌．补贴政策对我国粮食生产的影响——基于2004—2007年分省数据的实证分析［J］．农业技术经济，2010（4）：100-106.
[65] 陈胜东，周丙娟．生态移民政策实施农户满意度及其影响因素分析——以赣南原中央苏区为例［J］．农林经济管理学报，2020，19（5）：602-610.
[66] 陈娅．低碳经济下畜牧业发展问题与对策研究［J］．中国农业资源与区划，2016，37（10）：157-160.
[67] 陈哲，李晓静，刘斐，等．政治信任、村庄民主参与与扶贫政策满意度研究［J］．统计与信息论坛，2019，34（8）：84-89.
[68] "大宗农产品交易所客户定位与市场开发方案研究"课题组．生猪电子交易市场开发瓶颈及其化解之道［J］．湖南农业大学学报（社会科学版），2010，11（6）：64-69.
[69] 邓小华．粮食流通体制改革的经济效应分析——以安徽省来安县、天长市粮食补贴改革试点为例［J］．农业经济问题，2004（5）：64-66.
[70] 邓鑫，漆雁斌，陈蓉．散养农户退出生猪养殖会改善家庭收入水平吗？——来自四川省543户农户的实证调研［J］．农村经济，2016（12）：46-52.
[71] 丁文强，杨正荣，马驰，等．草原生态保护补助奖励政策牧民满意度及影响因素研究［J］．草业学报，2019，28（4）：12-22.
[72] 杜丹清．关于生猪规模化生产与稳定市场价格的研究［J］．价格理论与实践，2009（7）：19-20.
[73] 杜富林，宋良媛，赵婷．草原生态补奖政策实施满意度差异的比较研究——以锡林郭勒盟和阿拉善盟为例［J］．干旱区资源与环境，2020，34（8）：80-87.
[74] 杜洪燕，武晋．生态补偿项目对缓解贫困的影响分析——基于农户异质性的视角［J］．北京社会科学，2016（1）：121-128.
[75] 杜娟，谢芳婷，刘小进，等．不同群体林农对生态公益林补偿政策的满意度研究——基于江西省南方集体林区的实证分析［J］．林业经济，2019，41（9）：16-23.
[76] 方萍萍．广东省生猪生产区域布局影响因素研究——基于广东省市级面板数据［J］．黑龙江畜牧兽医，2017（22）：15-19，293.
[77] 郭策，马长海．河北省生猪养殖成本效益分析——基于2004—2013年的数据［J］．黑龙江畜牧兽医，2016（4）：5-9.
[78] 郭利京，林云志．中国生猪养殖业规模化动力、路径及影响研究［J］．农村经济，2020（8）：126-135.
[79] 郭利京，刘俊杰，韩刚．养殖主体行为与生猪价格形成机制［J］．统计与信息论坛，2014，29（8）：79-84.
[80] 郭亚军，王毅，贾筱智．中国猪肉生产者供给行为分析——基于适应性预期模型的实证研究［J］．中国畜牧杂志，2012，48（16）：32-36.
[81] 韩璐，袁淑辉，路剑，等．深化供给侧结构性改革背景下我国生猪养殖业的集约化发展［J］．黑龙江畜牧兽医，2020（2）：24-27，147.
[82] 何思妤，崔丹蕾，陈相伸．库区农村移民对后期扶持满意度实证分析——基于长江上游大型库区1575个农村移民的调查数据［J］．农村经济，2018（7）：108-113.
[83] 侯麟科，仇焕广，白军飞，等．农户风险偏好对农业生产要素投入的影响——以农户玉米品种选择为例［J］．农业技术经济，2014（5）：21-29.
[84] 黄德林．中国畜牧业区域化、规模化及动物疫病损失特征和补贴的实证研究［D］．北京：中国农业科学院，2004.
[85] 黄宗智．长江三角洲小农家庭与乡村发展［M］．北京：中华书局，2000.
[86] 黄宗智．华北的小农经济与社会变迁［M］．北京：中华书局，2004.

[87] 胡浩. 现阶段我国生猪经营形态的经济分析 [J]. 中国畜牧杂志，2004，40（11）：28-31.
[88] 胡浩，应瑞瑶，刘佳. 中国生猪产地移动的经济分析——从自然性布局向经济性布局的转变 [J]. 中国农村经济，2005（12）：46-52，60.
[89] 胡浩，戈阳. 非洲猪瘟疫情对我国生猪生产与市场的影响 [J]. 中国畜牧杂志，2020，56（1）：168-172.
[90] 胡向东. 生猪产业发展及补贴政策效应研究 [M]. 北京：中国农业出版社，2019.
[91] 胡小平，高洪洋. 我国生猪规模化养殖趋势成因分析 [J]. 四川师范大学学报（社会科学版），2015，42（6）：38-44.
[92] 姜法竹，王宁. 基于风险规避视角的生猪有效供给研究 [M]. 北京：经济科学出版社，2019.
[93] 蒋辉，刘兆阳. 农户异质性对贫困地区特色农业经营收入的影响研究——微观农户数据的检验 [J]. 贵州社会科学，2016（8）：161-168.
[94] 江喜林. 基于农户模型的粮食补贴作用机理及效应分析——兼论“直补”模式的弊端 [J]. 西北农林科技大学学报（社会科学版），2013，13（1）：54-60.
[95] 姜羽，尹春洋，田露. 吉林省生猪养殖规模报酬及技术进步实证分析——基于C-D生产函数模型 [J]. 黑龙江畜牧兽医，2016（24）：28-31.
[96] 焦克源，杨乐民. 农村“妇小贷”政策受众满意度研究 [J]. 兰州大学学报（社会科学版），2020，48（3）：103-112.
[97] 吉洪湖，陈长卿，黄东明，等. 病死畜禽尸体无害化处理现状与对策 [J]. 农业开发与装备，2014（1）：146-147，139.
[98] 雷仙云，侯思远，常毅，等. 中国生猪产业集聚状况及其影响因素分析 [J]. 中国畜牧杂志，2013，49（10）：7-9，14.
[99] 梁永厚，王贵，乔霖，等. 中国生猪养殖数据分析与挖掘 [J]. 黑龙江畜牧兽医，2016（24）：21-24.
[100] 廖翼. 中国生猪产业扶持政策的满意度及敏感性分析 [J]. 技术经济，2014，33（6）：38-42.
[101] 廖翼，周发明. 我国生猪价格调控政策分析 [J]. 农业技术经济，2013（9）：26-34.
[102] 廖翼，周发明. 我国生猪价格调控政策运行机制和效果及政策建议 [J]. 农业现代化研究，2012，33（4）：430-434.
[103] 李长强，李董，闰益波. 生猪标准化规模养殖技术 [M]. 北京：中国农业科学出版社，2013.
[104] 李凡凡，刘友兆. 农村居民点整理中参与式管理的满意度效应分析 [J]. 农业技术经济，2018（6）：116-126.
[105] 李桦. 生猪饲养规模及其成本效益分析 [D]. 杨凌：西北农林科技大学，2007.
[106] 李佳欣，杨庆媛，胡涛. 休耕政策的农户满意度及其影响因素分析——以甘肃省环县为例 [J]. 地域研究与开发，2019，38（2）：158-162，168.
[107] 李敏，冯月，唐鹏. 农村宅基地退出农户满意度影响因素研究——基于四川省典型地区的调研数据 [J]. 西部论坛，2019，29（5）：45-54.
[108] 李鹏程，王明利. 环保和非洲猪瘟疫情双重夹击下生猪生产如何恢复——基于八省的调研 [J]. 农业经济问题，2020（6）：109-118.
[109] 李冉，陈洁. 美国生猪养殖业现状、特点及发展经验 [J]. 世界农业，2013（5）：13-17，26.
[110] 李胜利，金鑫，范学珊，等. 反刍动物生产与碳减排措施 [J]. 动物营养学报，2010，22（1）：2-9.
[111] 刘滨，刘小红，雷显凯，等. 林农对生态公益林补偿政策满意度及其影响因素研究——基于江西省17个县753份调查问卷 [J]. 农林经济管理学报，2018，17（3）：309-318.
[112] 刘京京，王军. 能繁母牛补贴政策满意度及其影响因素研究——基于农户视角 [J]. 黑龙江畜牧兽医，2019（16）：5-7，19.

[113] 刘克春．粮食生产补贴政策对农户粮食种植决策行为的影响与作用机理分析——以江西省为例[J]．中国农村经济，2010（2）：12-21.

[114] 刘清泉，周发明．我国生猪养殖效益的影响因素分析[J]．中国畜牧杂志，2012，48（22）：47-50，54.

[115] 刘清泉，周发明．中国生猪有效供给的现实困境与市场调控[J]．中国畜牧杂志，2011，47（20）：5-8，13.

[116] 李文瑛，肖小勇．价格波动背景下生猪养殖决策行为影响因素研究——基于前景理论的视角[J]．农业现代化研究，2017，38（3）：484-492.

[117] 李响，傅新红，吴秀敏．安全农产品供给意愿的影响因素分析——以四川省资中市和蓬溪县134户生猪养殖户为例的实证分析[J]．农村经济，2007（8）：18-21.

[118] 罗光强，谭江林．财政支粮政策、粮食产出稳定性及其影响研究——基于湖南省的统计数据[J]．农业技术经济，2010（4）：20-27.

[119] 罗杰，王伟杰，刘晋，等．国家扶持生猪养殖政策执行情况及建议——来自四川巴州、湖南沅江、江西宜丰的调查[J]．宏观经济管理，2008（6）：53-55.

[120] 马橙，高建中．森林生态补偿、收入影响与政策满意度——基于陕西省公益林区农户调查数据[J]．干旱区资源与环境，2020，34（11）：58-64.

[121] 马彦丽，杨云．粮食直补政策对农户种粮意愿、农民收入和生产投入的影响——一个基于河北案例的实证研究[J]．农业技术经济，2005（2）：7-13.

[122] 娜仁花．不同日粮对奶牛瘤胃甲烷及氮排放的影响研究[D]．北京：中国农业科学院，2010.

[123] 聂赟彬，高翔，李秉龙，等．非洲猪瘟疫情背景下养殖场户生产决策研究——对生猪生产恢复发展的思考[J]．农业现代化研究，2020，41（6）：1031-1039.

[124] 宁攸凉，乔娟．中国生猪价格波动的影响与成因探究[J]．中国畜牧杂志，2010，46（2）：52-56.

[125] 庞洁，丘水林，靳乐山．生态补偿政策对农户湿地保护意愿及行为的影响研究——以鄱阳湖为例[J]．长江流域资源与环境，2021，30（12）：2982-2991.

[126] 彭克强，鹿新华．中国财政支农投入与粮食生产能力关系的实证分析[J]．农业技术经济，2010（9）：18-29.

[127] 彭澧丽，龙方，卜蓓．我国粮食生产补偿政策对粮食生产的影响[J]．技术经济，2013，32（5）：87-91.

[128] 钱加荣，赵芝俊．现行模式下我国农业补贴政策的作用机制及其对粮食生产的影响[J]．农业技术经济，2015（10）：41-47.

[129] 乔娟，崔小年，宁攸凉，等．生猪产业支持政策认知和评价的实证分析——基于生猪产业相关人员的问卷调查[J]．中国畜牧杂志，2010，46（20）：43-46.

[130] 乔颖丽，吉晓光．中国生猪规模养殖与农户散养的经济分析[J]．中国畜牧杂志，2012，48（8）：14-19.

[131] 阮冬燕，陈玉萍，周晶．我国农户退出生猪散养的影响因素研究——基于可持续生计分析框架[J]．中国农业大学学报，2018，23（5）：191-199.

[132] 沈根祥，汪雅谷，袁大伟．上海市郊农田畜禽粪便负荷量及其警报与分级[J]．上海农业学报，1994，10（S1）：6-11.

[133] 沈银书，吴敬学．美国生猪规模养殖的发展趋势及与中国的比较分析[J]．世界农业，2012（4）：4-8，31.

[134] 沈银书，吴敬学．我国生猪规模养殖的发展趋势与动因分析[J]．中国畜牧杂志，2011，47（22）：49-52，70.

[135] 石靖，卢春天，张志坚．代际支持、干群互动与精准扶贫政策的满意度[J]．西北农林科技大

学学报（社会科学版），2018，18（2）：49-56.
[136] 司晓杰. 粮食补贴政策的协同效应分析 [J]. 经济与管理，2009，23（11）：14-18.
[137] 宋连喜. 生猪散养模式的利弊分析与趋势预测 [J]. 中国畜牧杂志，2007，43（18）：17-20.
[138] 孙前路，乔娟，李秉龙. 干部工作效率与程序公平对牧民草原奖补政策满意度的影响——以西藏肉羊养殖户为例 [J]. 农业现代化研究，2018，39（2）：284-292.
[139] 孙若愚，周静，杨宇，等. 生猪养殖户兽药使用行为影响因素的实证分析 [J]. 中国畜牧杂志，2014，50（22）：46-50，56.
[140] 汤颖梅. 基于非农就业视角的农户生猪生产决策研究——以江苏、四川为例 [D]. 南京：南京农业大学，2012.
[141] 汤颖梅，潘宏志，王怀明. 江苏、四川两省农户生猪生产决策行为研究 [J]. 农业技术经济，2013（8）：32-39.
[142] 谭莹. 我国生猪补贴政策效应及政策优化研究 [M]. 北京：中国经济出版社，2015.
[143] 谭莹. 中国猪肉市场总供给波动及影响因素的实证分析 [J]. 华中农业大学学报（社会科学版），2010（3）：24-29.
[144] 童洪志，冉建宇. 多重政策影响下农户秸秆机械粉碎还田技术采纳行为仿真分析 [J]. 中国农业资源与区划，2021，42（5）：12-21.
[145] 王桂霞，杨义风. 生猪养殖户粪污资源化利用及其影响因素分析——基于吉林省的调查和养殖规模比较视角 [J]. 湖南农业大学学报（社会科学版），2017，18（3）：13-18.
[146] 汪红梅，魏思佳. 基于农户满意度的农村环境综合治理政策效应研究 [J]. 福建论坛（人文社会科学版），2018（10）：59-66.
[147] 王欢，乔娟，李秉龙. 养殖户参与标准化养殖场建设的意愿及其影响因素——基于四省（市）生猪养殖户的调查数据 [J]. 中国农村观察，2019（4）：111-127.
[148] 王姣，肖海峰. 中国粮食直接补贴政策效果评价 [J]. 中国农村经济，2006（12）：4-12.
[149] 王丽佳，刘兴元. 甘肃牧区牧民对草原生态补奖政策满意度研究 [J]. 草业学报，2019，28（4）：1-11.
[150] 王善高，田旭，雷昊，等. 生猪养殖补贴对技术效率的影响研究——基于江苏省生猪养殖户的分析 [J]. 世界农业，2020（6）：71-79.
[151] 王文海. 生猪产业链健康发展的价值目标与条件研究 [D]. 北京：中国农业大学，2015.
[152] 王小岑，朱俊峰. 美国农业补贴政策对中国生猪产业的启发 [J]. 世界农业，2012（6）：44-46.
[153] 王祖力，辛翔飞，王明利，等. 产业转型升级亟需政府加大生猪标准化规模养殖扶持力度 [J]. 中国畜牧杂志，2011，47（12）：13-17.
[154] 魏民，由建勋. 集约与分散协同的生猪产业生态循环经营模式研究 [J]. 黑龙江畜牧兽医，2011（18）：17-20.
[155] 翁凌云，王克，朱增勇，等. 市场风险、价格预期与能繁母猪养殖行为 [J]. 农业技术经济，2020（6）：30-43.
[156] 吴兑. 温室气体与温室效应 [M]. 北京：气象出版社，2003.
[157] 吴敬学，沈银书. 我国生猪养殖规模的成本效益与发展对策 [J]. 中国畜牧杂志，2012，48（18）：5-7，11.
[158] 吴连翠，谭俊美. 粮食补贴政策的作用路径及产量效应实证分析 [J]. 中国人口·资源与环境，2013，23（9）：100-106.
[159] 肖国安. 粮食直接补贴政策的经济学解析 [J]. 中国农村经济，2005（3）：12-17.
[160] 谢枫. 粮食生产补贴、生产要素投入与我国粮食生产效率 [D]. 南昌：江西财经大学，2015.
[161] 邢伯伦，龚贤，闫紫月. 深度贫困民族地区精准扶贫满意度评价及影响因素——基于对凉山彝族自治州乡村的调查 [J]. 财经科学，2019（5）：71-80.

[162] 辛翔飞，张怡，王济民. 我国粮食补贴政策效果评价——基于粮食生产和农民收入的视角 [J]. 经济问题，2016 (2)：92-96.

[163] 许彪，施亮，刘洋. 我国生猪价格预测及实证研究 [J]. 农业经济问题，2014，35 (8)：25-32，110.

[164] 许彪，施亮，刘洋. 我国生猪养殖行业规模化演变模式研究 [J]. 农业经济问题，2015，36 (2)：21-26，110.

[165] 徐冬梅，刘豪，林杰. 基于农户满意视角的精准扶贫成效评价 [J]. 统计与决策，2020，36 (17)：66-69.

[166] 杨朝飞. 全国规模化畜禽养殖业污染情况调查及防治对策 [M]. 北京：中国环境科学出版社，2002.

[167] 杨朝英，徐学荣. 中国生猪供给反应研究——基于 2000—2018 年全国面板数据 [J]. 中国畜牧杂志，2020，56 (10)：181-185.

[168] 杨朝英. 中国生猪补贴政策对农户生猪供给影响分析 [J]. 中国畜牧杂志，2013，49 (14)：28-31.

[169] 杨剑，吴玘. 农村贫困人口对精准扶贫政策满意度研究——基于无为县的调查数据 [J]. 农林经济管理学报，2018，17 (5)：579-586.

[170] 杨清，南志标，陈强强，等. 草原生态补助奖励政策牧民满意度及影响因素研究——基于甘肃青藏高原区与西部荒漠区的实证 [J]. 生态学报，2020，40 (4)：1436-1444.

[171] 杨湘华. 中国生猪业生产的效率及其影响因素分析 [D]. 南京：南京农业大学，2008.

[172] 杨枝煌. 我国生猪产业风险的金融化综合治理 [J]. 农业经济问题，2008，29 (4)：29-32.

[173] 杨子刚，毛文坤，郭庆海. 粮食主产区农户生猪养殖意愿及其影响因素分析——基于对粮食主产区 272 个农户的调查 [J]. 中国畜牧杂志，2011，47 (10)：27-31.

[174] 闫振宇，陶建平，徐家鹏. 中国生猪生产的区域效率差异及其适度规模选择 [J]. 经济地理，2012，32 (7)：107-112.

[175] 姚文捷. 畜禽养殖排污权交易机制研究——以规模化生猪养殖为例 [M]. 北京：中国水利水电出版社，2018.

[176] 易泽忠，高阳，郭时印，等. 我国生猪市场价格风险评价及实证分析 [J]. 农业经济问题，2012，33 (4)：22-29.

[177] 余建斌. 生猪补贴政策的实施效果与完善措施 [J]. 广东农业科学，2013，40 (15)：210-212，236.

[178] 于康震. 推进标准化规模养殖和粪污综合利用努力实现现代畜牧业建设和养殖污染治理双赢 [J]. 中国畜牧业，2015 (21)：19-23.

[179] 臧文如，傅新红，熊德平. 财政直接补贴政策对粮食数量安全的效果评价 [J]. 农业技术经济，2010 (12)：84-93.

[180] 张爱军. 养殖规模化对平缓生猪价格周期效应的中美比较与现实启示 [J]. 农业现代化研究，2015，36 (5)：826-833.

[181] 张标，傅泽田，王洁琼，等. 农户农业技术推广政策满意度研究——基于全国 1022 个农户调查数据 [J]. 中国农业大学学报，2018，23 (4)：157-169.

[182] 张广来，廖文梅. 执行协商对农户易地扶贫政策满意度的影响研究——以赣南原中央苏区为例 [J]. 中国农业大学学报，2018，23 (3)：185-195.

[183] 张慧琴，韩晓燕，吕杰. 粮食补贴政策的影响机理与投入产出效应 [J]. 华南农业大学学报 (社会科学版)，2016，15 (5)：20-27.

[184] 张静，张心灵. 新一轮草原生态补奖政策下牧户满意度影响因素的实证研究——基于内蒙古中部草原地区比较分析 [J]. 黑龙江畜牧兽医，2020 (8)：1-6，13.

[185] 张克强，高怀友. 畜禽养殖业污染物处理与处置 [M]. 北京：化学工业出版社，2004.

[186] 张空，赵春秀，韩俊文，等. 中国养猪业的波动及其对策 [J]. 农业技术经济，1996 (6)：24-26.

[187] 张立中，刘倩倩，辛国昌. 我国生猪价格波动与调控对策研究 [J]. 经济问题探索，2013 (11)：117-122.

[188] 张敏. 农产品供应链组织模式与农产品质量安全 [J]. 农村经济，2010 (8)：101-105.

[189] 张喜才，张利庠. 我国生猪产业链整合的困境与突围 [J]. 中国畜牧杂志，2010，46 (8)：22-26.

[190] 张彦君. 粮食直接补贴政策效果及影响路径分析——以陕西省为例 [D]. 杨凌：西北农林科技大学，2017.

[191] 张亚雄，吴玉兰，陈在江，等. 落实国家生猪补贴政策过程中的体会和建议 [J]. 中国畜牧杂志，2007，43 (24)：19-20.

[192] 张雅燕. 基于多中心治理视角的生猪安全生产研究 [M]. 北京：中国农业出版社，2018.

[193] 张永强，王荀，单宇，等. 结合美国生猪规模化发展过程特征对中国生猪规模化发展研究 [J]. 黑龙江畜牧兽医，2015 (24)：1-3.

[194] 张园园，孙世民，彭玉珊. 生猪养殖规模发展趋势、主体行为与路径优化——基于山东省的相关数据检验 [J]. 湖南农业大学学报（社会科学版），2014，15 (2)：8-13.

[195] 张园园，吴强，孙世民. 生猪养殖规模化程度的影响因素及其空间效应——基于13个生猪养殖优势省份的研究 [J]. 中国农村经济，2019 (1)：62-78.

[196] 张郁，江易华. 环境规制政策情境下环境风险感知对养猪户环境行为影响——基于湖北省280户规模养殖户的调查 [J]. 农业技术经济，2016 (11)：76-86.

[197] 张玉梅，乔娟. 生猪规模化养殖用地的利益相关主体行为分析 [J]. 农村经济，2013 (9)：26-30.

[198] 张玉周. 粮食补贴对我国粮食生产影响的实证分析 [J]. 财政研究，2013 (12)：45-47.

[199] 赵国庆，文韬. 生猪标准化规模养殖扶持政策的效果研究——来自规模养殖户的实地调查 [J]. 经济与管理，2016，30 (2)：72-81.

[200] 战立强. 浅析小散生猪养殖户补栏时机的选择 [J]. 中国畜牧杂志，2012，48 (22)：37-41.

[201] 赵连阁，钟搏. 基于SFA的中国生猪养殖成本效率研究 [J]. 中国畜牧杂志，2015，51 (4)：31-36.

[202] 赵旭，肖佳奇，段跃芳，等. 生计方式变迁、后期扶持政策与政策满意度突变——基于江西省农村水库移民的非线性实证分析 [J]. 农业技术经济，2019 (9)：114-128.

[203] 钟搏. 中国生猪标准化养殖发展：产业集聚、组织发展与政策扶持 [D]. 杭州：浙江工商大学，2018.

[204] 周凤杰，刘晓. 农业补贴政策满意度及其影响因素研究——基于Probit回归模型 [J]. 价格理论与实践，2018 (2)：75-78.

[205] 周晶，陈玉萍，丁士军. "一揽子"补贴政策对中国生猪养殖规模化进程的影响——基于双重差分方法的估计 [J]. 中国农村经济，2015 (4)：29-43.

[206] 周晶，陈玉萍，丁士军. 中国生猪养殖业规模化影响因素研究 [J]. 统计与信息论坛，2014，29 (1)：63-69.

[207] 周静，曾福生. 农业支持保护补贴的政策认知及其对满意度的影响研究——基于湖南省419个稻作大户的调查 [J]. 农村经济，2019 (4)：88-94.

[208] 周丽，黎红梅. 社会适应、政治信任与易地扶贫搬迁政策满意度——基于湖南集中连片特困区搬迁农户调查 [J]. 财经理论与实践，2020，41 (6)：86-93.

[209] 周升强，赵凯. 草原生态补奖认知、收入影响与农牧户政策满意度——基于禁牧区与草畜平衡区的实证对比 [J]. 干旱区资源与环境，2019，33 (5)：36-41.

[210] 周升强，赵凯. 成本收益、政府监管与禁牧政策的农牧民满意度——以农牧交错区为例 [J]. 农村经济，2019 (11)：137-144.

[211] 周勋章，李广东，孟宪华，等. 非洲猪瘟背景下养猪户决策行为及其影响因素 [J]. 农业工程

学报，2020，36（8）：316－324.

[212] 周勋章，杨江澜，徐笑然，等．不同养殖规模下生猪疫病风险认知对养猪户生物安全行为的影响——基于河北省786个养猪户的调查［J］．中国农业大学学报，2020，25（3）：214－224.

[213] 朱臻，沈月琴，白江迪．南方集体林区林农的风险态度与碳汇供给决策：一个来自浙江的风险偏好实验［J］．中国软科学，2015（7）：148－157.

[214] 左志平，齐振宏，邬兰娅．环境管制下规模养猪户绿色养殖模式演化机理——基于湖北省规模养猪户的实证分析［J］．农业现代化研究，2016，37（1）：71－78.

[215] 姚文捷．浙江省规模化生猪养殖业节水减排意愿分析［J］．中国畜牧杂志，2018，54（9）：128－133.

[216] 姚文捷．浙江省规模化生猪养殖业节水减排补偿机制研究［J］．中国畜牧杂志，2019，55（8）：140－145.

[217] YAO WENJIE. Emission trading mechanism in pig farming pollution control：an empirical study of Zhejiang Province，China［J］．Environmental science and pollution research，2021，28（23）：30007－30018.

附录A　非洲猪瘟疫病冲击下生猪规模化养殖调查问卷

问卷编号：________

1. 您的年龄是（　　）岁。

2. 您的学历为（　　）。

A. 小学未毕业　B. 小学毕业　C. 初中毕业　D. 高中毕业

E. 大专毕业　F. 本科毕业　G. 研究生毕业

3. 您的健康状况如何？（　　）

A. 较差　B. 一般　C. 良好

4. 您的家庭是否兼业？是（　　）/否（　　）

5. 您从事养猪有（　　）年了。

6. 您是否参加过有关生猪养殖的指导或培训？是（　　）/否（　　）

7. 您是否与生猪养殖产业化组织签订了合同？是（　　）/否（　　）

8. 您获取生猪养殖用地的难易程度如何？（　　）

A. 较难　B. 一般　C. 容易

9. 您所在养殖户建址的交通便利性如何？（　　）

A. 很差　B. 较差　C. 一般　D. 较好　E. 很好

10. 您认为食用质量安全不达标的猪肉对人体健康的影响如何？（　　）

A. 没有影响　B. 影响较小　C. 影响一般　D. 影响较大　E. 影响很大

11. 您认为生猪养殖废弃物不进行综合利用，病死猪不实施无害化处理，导致的环境污染严重程度如何？（　　）

A. 毫不严重　B. 较不严重　C. 有点严重　D. 比较严重　E. 非常严重

12. 您是否认为生猪养殖应实现“优质优价”？是（　　）/否（　　）

13. 非洲猪瘟疫病暴发后，政府对生猪养殖产业进行了一系列的政策扶持，目前您所在的养殖户规模为年出栏（　　）头。

14. 非洲猪瘟疫病暴发后，政府对生猪养殖产业进行了一系列的政策扶持，当时您认为补栏是否仍有风险？是（　　）/否（　　）

15. 非洲猪瘟疫病暴发后，政府对生猪养殖产业进行了一系列的政策扶持，当时您是否仍因资金短缺而无力补栏？是（　　）/否（　　）

16. 非洲猪瘟疫病暴发以来，您所在的养殖户是否实际接受到来自政府的直接扶持政策？是（　　）/否（　　）

如是，包括以下哪些方面？

（　　）生猪规模化养殖场建设补助

（　　）生猪生产农机购置补贴

（　　）生猪良种补贴

（　　）非洲猪瘟强制扑杀补助

17. 非洲猪瘟疫病暴发以来，您所在的养殖户是否实际接受到来自政府的间接扶持政策？是（　　）/否（　　）

（　　）提高能繁母猪、育肥猪保险保额

（　　）对生猪规模化养殖场的流动资金贷款或建设资金贷款给予贴息补助

（　　）提供土地经营权、养殖圈舍、大型养殖机械、生猪活体等抵押贷款

（　　）对仔猪及冷鲜猪肉运输执行“绿色通道”政策，免收车辆通行费

（　　）实施畜禽粪污资源化利用整县推进项目

（　　）取消非法生猪禁限养规定

（　　）生猪养殖用地按农用地管理，允许使用一般耕地

（　　）取消生猪生产附属设施用地 15 亩上限

（　　）禁养区整改调整政策支持

18. 非洲猪瘟疫病暴发以来，在实际接受到来自政府的直接扶持政策之前，您的接受程度如何？（　　）

A. 不能接受　B. 很难接受　C. 勉强接受　D. 比较接受　E. 十分接受

19. 非洲猪瘟疫病暴发以来，在实际接受到来自政府的间接扶持政策之前，您的接受程度如何？（　　）

A. 不能接受　B. 很难接受　C. 勉强接受　D. 比较接受　E. 十分接受

20. 您认为政府以往的生猪规模化养殖扶持政策的透明程度如何？（　　）

A. 很不透明　B. 较不透明　C. 不太清楚　D. 比较透明　E. 非常透明

21. 您认为政府以往的生猪规模化养殖扶持政策的公平程度如何？（　　）

A. 很不公平　B. 较不公平　C. 不太清楚　D. 比较公平　E. 非常公平

22. 在您看来，政府对生猪养殖产业应如何作为？（　　）

A. 自由放任　B. 轻微调控　C. 一般干预　D. 强化管制　E. 计划统筹

23. 您对有利于生猪养殖产业健康发展的社会系统正常运转的信心如何？（　　）

A. 毫无信心　B. 较无信心　C. 有点信心　D. 较有信心　E. 很有信心

附录B　生猪标准化养殖评价调查问卷

问卷编号：__________

总分（　　）

1. 品种优良化，得分（　　）

（1）品种来源清楚、检疫合格

是（　　）/否（　　）

（2）品种性能良好

是（　　）/否（　　）

2. 养殖设施化，得分（　　）

（1）选址布局科学合理

是（　　）/否（　　）

（2）生产设施完善

是（　　）/否（　　）

3. 生产规范化，得分（　　）

（1）制定并实施不同阶段生猪生产技术操作规程和管理制度

是（　　）/否（　　）

（2）人员素质达标

是（　　）/否（　　）

4. 防疫制度化，得分（　　）

（1）防疫设施完善

是（　　）/否（　　）

（2）防疫体系健全

是（　　）/否（　　）

5. 粪污无害化，得分（　　）

（1）环保设施完善，环境卫生达标

是（　　）/否（　　）

（2）废弃物管理规范，病死猪实施无害化处理

是（　　）/否（　　）

附录C　生猪规模养殖标准化评价细则

1. 品种优良化

因地制宜，选用高产、优质、高效的生猪良种，品种来源清楚、检疫合格，品种性能良好。

（1）品种来源清楚、检疫合格。外购种猪来源为持有《企业法人营业执照》《种猪生产经营许可证》《动物防疫条件合格证》的正规种猪场，三证真实完整。

（2）品种性能良好。《种猪档案证明》中出具种猪的耳号标记方法、种猪三代以上的系谱、生产性能测定结果。

2. 养殖设施化

养殖场选址布局科学合理，猪舍、饲养和环境控制等生产设施设备满足标准化生产需要。

（1）选址布局科学合理。养殖场位于当地政府划定的可养区内，距离生活饮用水源地、居民区和主要交通干线、其他生猪养殖场及屠宰加工交易场所等500米以上，水源、通风良好，供电稳定。生产区与生活区分开，间距在50米以上，有明显的围墙或隔离栅栏。生产区内母猪区、保育区与生长区各自分开，每栋猪舍的猪群能全进全出，出猪台与生产区的间距严格保持在50米以上。净道与污道分开，雨污分流，配有污水处理区与病死猪无害化处理区。

（2）生产设施完善。每头能繁母猪占地在40平方米以上，配套建设8平方米（销售猪苗）、12平方米（销售活大猪）的栏舍，其中母猪区配套建设5.5平方米的栏舍。配有后备猪隔离舍。300头母猪至少配备70个产床。分娩舍、保育舍采用高床式栏舍设计，并采用漏缝地板。种猪舍与保育舍配有必要的通风换气、温度调节等设备。饲料、药物、疫苗等不同类型的投入品分类分开储藏，标识清晰。配有自动饮水系统和可控的饮水加药系统。配有B超妊娠检查设施。配有自动送料系统。

3. 生产规范化

制定并实施科学规范的猪饲养管理规程，严格遵守饲料、饲料添加剂和兽药使用的有关规定，生产过程实行信息化动态管理，配备与饲养规模相适应的畜牧兽医技术人员。

（1）制定并实施不同阶段生猪生产技术操作规程和管理制度。包括后备种猪生产技术操作规程、种公猪生产技术操作规程、怀孕母猪生产技术操作规程、分娩母猪生产技术操作规程、断奶仔猪生产技术操作规程、保育猪生产技术操作规程、生长肥育猪生产技术操作规程、免疫程序、卫生防疫管理技术规范、猪场药品疫苗管理规范、常见疫病控制监测防治规范、人工授精技术规范、饲料及其添加剂质量内控标准。按照《规模猪场生产技术规程》（GB/T 17824.2—2008）的要求进行生产管理。根据《畜禽养殖场质量管理体系建设通则》(NY/T 1569—2007) 的要求进行制度建设。各项制度按要求挂在相应猪舍或办公室的醒目位置。按照农业部《畜禽标识和养殖档案管理办法》(中华人民共和国农业部令第 67 号) 的要求，建立完整的养殖档案，并保留 2 年以上。

(2) 人员素质达标。配备足够的技术人员或配有明确的技术服务机构。技术负责人具有畜牧兽医专业中专以上学历并从事养猪业 3 年以上。

4. 防疫制度化

防疫设施完善，防疫体系健全，科学实施猪疫病综合防控措施。

(1) 防疫设施完善。养殖场设有防疫隔离带，防疫标志明显。场区入口设有车辆、人员消毒池，生产区入口设有更衣消毒室。人员进入生产区严格执行更衣、换鞋、冲洗、消毒程序。配有兽医室和诊疗室。

(2) 防疫体系健全。设有明确的预防鼠害、鸟害及外来疫病侵袭的一系列措施。设有完善的生物安全评价体系。根据抗体监测结果设有免疫计划，重点监测猪瘟、口蹄疫、蓝耳病、伪狂犬等抗体。

5. 粪污无害化

粪污处理方法得当，设施齐全且运转正常，实现粪污资源化利用或达到相关排放标准。

(1) 环保设施完善，环境卫生达标。储粪场所位置合理，并配有防雨、防渗设施。配有焚尸炉或化尸池等病死猪无害化处理设施。场区内垃圾集中存放，位置合理，卫生状况良好。

(2) 废弃物管理规范，病死猪实施无害化处理。根据“资源化、无害化、减量化”与“节能减排”的原则对猪场废弃物进行集中管理。达到《畜禽粪便无害化处理技术规范》(NY/T 1168—2006)、《畜禽养殖业污染物排放标准》(GB 18596—2001)、《畜禽粪便安全使用准则》(NY/T 1334—2007) 的要求。病死猪采取深埋或焚烧的方式进行无害化处理。

后　记

《重大疫病冲击下政策扶持促进中国生猪规模化养殖的传导机制研究》一书受到南浔创新研究院、浙江水利水电学院“南浔学者”项目（项目编号：RC2023010804）资助，有 3 篇公开发表的学术论文作为支撑：①《浙江省规模化生猪养殖业节水减排意愿分析》（《中国畜牧杂志》，2018 年第 9 期，作者：姚文捷）；②《浙江省规模化生猪养殖业节水减排补偿机制研究》（《中国畜牧杂志》，2019 年第 8 期，作者：姚文捷）；③*Emission trading mechanism in pig farming pollution control：an empirical study of Zhejiang Province，China*（*Environmental science and pollution research*，2021 年第 23 期，作者：Yao Wenjie）。

其中，发表于 2018 年第 9 期《中国畜牧杂志》的《浙江省规模化生猪养殖业节水减排意愿分析》对应本书第 4 章；发表于 2019 年第 8 期《中国畜牧杂志》的《浙江省规模化生猪养殖业节水减排补偿机制研究》对应本书第 5 章；发表于 2021 年第 23 期 *Environmental science and pollution research* 的 *Emission trading mechanism in pig farming pollution control：an empirical study of Zhejiang Province，China* 对应本书第 6 章。

在本书撰写过程中，笔者参阅了多方面的文献，吸取了众多学者的优秀研究成果，因篇幅所限，不再一一列出，在此一并表示衷心的感谢。由于学术水平有限，可能存在诸多不足之处，敬请读者批评指正。

姚文捷

2024 年 6 月于杭州